知有思维

跨学科思考力丛书

"会思考的通识课"

7~15岁 第一册

主编：瑞娜

U0653555

欢迎来到地球

《欢迎来到地球》这本书为"会思考的通识课"系列中的第一册，主要描述与思考力塑造有关的基础概念和知识。该分册共分24个小节，每个小节均围绕孩子刚开始认识世界时需要了解的一系列基本概念和逻辑关系展开讲解，解释了如"世界是由什么组成的？""人是如何感知世界的？"和"人和世界是怎么联系在一起的？"等问题。本书从孩子日常熟悉的故事引入，再通过通俗易懂、深入浅出的文字讲解、必要的示意图和精美的插图，让孩子更好地理解相关知识点。在每个小节之后，还设置了较多启发式思考题。这些思考题涉及学习生活的诸多方面，注重启发孩子的跨学科思维和发散性思维，让孩子学会多维度思考问题。

图书在版编目（CIP）数据

欢迎来到地球 / 瑞娜主编. -- 上海 ：上海交通大学出版社，2025. 3. (2025. 4 重印). --（会思考的通识课）. -- ISBN 978-7-313-32279-1

Ⅰ．P183-49

中国国家版本馆 CIP 数据核字第 20256U7F59 号

欢迎来到地球
HUANYING LAIDAO DIQIU

主　　编	瑞　娜
出版发行	上海交通大学出版社
地　　址	上海市番禺路951号
邮政编码	200030
电　　话	021-64071208
印　　刷	上海文浩包装科技有限公司
经　　销	全国新华书店
开　　本	889 mm×1194 mm 1/16
印　　张	6.75
字　　数	154千字
版　　次	2025年3月 第1版
印　　次	2025年4月 第2次印刷
书　　号	ISBN 978-7-313-32279-1
定　　价	68.00元

前　言

先来和读者们说说笔者为什么要创作"会思考的通识课"这套书。

笔者大学毕业后先是从事科技产品研发和市场推广工作。五年后，因为对与人沟通交流更感兴趣，笔者便转入人力资源行业从事人才招聘和培训工作。当时笔者在一家美资人力资源服务公司工作，这家公司有完善、细致的培训体系，笔者更是从直属领导安德里安·霍金斯先生那里学到了如何全方位、准确评估一个人。笔者发现优秀人才的学历背景各不相同，工作经历也千差万别，但他们身上有一些共同特点，其中最显著的特点是他们都具备优秀的思考力。从这时起，笔者开始关注优秀人才的卓越思考力是如何塑造和形成的。

那么，思考力应该通过什么方式培养获得呢？1945年，哈佛大学组织专家编写的《哈佛通识教育红皮书》（*General Education in A Free Society-Report of Harvard Committee*）一书中提出思考力应该通过通识教育获得。书中明确指出：通识教育的目标主要是塑造人四个方面的心智能力，即有效思考能力（包括逻辑思维、关联性思维和想象力）、交流能力、做出恰当判断的能力，以及价值辨别能力；且通识课程不应该是学习一门又一门的学科课程，而应该是学习一门有内在关联的系统课程；通识教育是对人的心智能力的培养，贯穿人成长发展始终。

"红皮书"关于通识教育的目标定义和作用引起了全世界教育领域的广泛讨论。在同时期的中国，钱穆和梅贻琦等多位学者也就通识教育发表了观点，认为当代人才需要具备通识能力，才能适应技术与社会的发展需求，并明确通识教育对人格和思考力塑造的作用。

我国非常重视对通识教育的实践探索，不仅在高等教育领域实践通识教育多年，在义务教育阶段，也在积极开展通识课程设计研发，如设置以解决问题或完成项目为导向的主题学习，举办各类型的研学活动，以及开设丰富的人文和科创类课程等。考试和竞赛活动也已将通识理念融入出题思路中，不再局限于对书本知识和固有解题方法的考查，而是着重考查学生能否将知识融会贯通并应用于跨学科案例分析。

在人工智能快速发展的时代，如何培养孩子的思考力和适应社会发展的综合能力，成为整个社会关注的焦点。面对人工智能的挑战，人类所具备的对复杂事物的感知力、个性化思考力、想象力，以及提出新问题和新方案的创造力，是我们可以与人工智能抗衡的优势。因此，当下的教育界和各类社会组织都在积极投入思维课程和通识课程的研究和开发。

基于此，笔者团队研发了"会思考的通识课"系列图书。该系列是笔者团队在研究青少年心智发展各阶段特点的基础上，针对各学科学习的需求和各学科互相促进发展的目标编写而成的，并以青少年认知自我和世界的视角设计主题。希望通过这些图书，帮助青少年培养思维能力、解决问题的能力、自我管理的能力和适应环境的能力。在该系列图书的编写思路上，思考力的塑造着重围绕如下核心要素展开：

（1）知识：我们强调学科知识和博闻强识对培养思考能力的重要性。所谓"思而不学则殆"，如果只是空想，而没有在实践和学习中积累知识和经验，那么培养思考力就如空中楼阁，是缺乏实践价值的。

（2）思维：思维能力概括说来是指一个人处理信息、分析判断和解决问题的能力。本系列图书重点关注逻辑思维能力，对大局观和系统整体有效运行的意识，处理分析信息时的建模思想，以及善于利用工具帮助自己解决问题的能力。

（3）表达：这里的表达，既指能站在自己的角度进行描述和阐释的能力，又指能站在对方的角度思考和辨析问题的能力。

（4）协作：这是关于社会适应性的问题。如何与一个组织和团队进行交流，明白自己在团队中处在什么位置、承担什么职责，懂得价值判断，学会取舍和平衡，使这个系统和团队发挥最大的价值。

《欢迎来到地球》是该系列的第一册，主要描述与思考力塑造相关的基础概念和知识。本书从孩子的视角出发，讲述人初来到这个世界，对世界的构成、变化和运行规律的初步认识，建立和解释世界的基本概念和逻辑关系。本书采用图文并茂的方式，按小节进行编写，突出思维方式的构造而非知识的枚举罗列，每小节解释一个概念或一种逻辑关系，如语言、工具、局部与系统、是非关系等。通过本书，读者可以获得对自然界和人类社会的初步理解与认知。

本书共分为三个部分，第一部分"地球，你好！"，从人类如何通过五感和语言交流来接触和感知世界展开，介绍了人类通过感官体验，以及在对日夜更替、斗转星移等现象的认知过程中形成的基本概念。此外这一部分还描述了在人类社会发展演进的过程中，族群和规则逐渐形成的过程，并解释了人类在食物链中的生存和发展规律。第二部分"地球的规则"，主要探讨地球运行的基本物理规律和法则。第三部分"地球生存法则"解释了人与社会、人与世界之间需要处理的几种基本关系。

本书在每小节之后还设置了较多启发式思考题，孩子可以通过翻阅书籍、检索数据库、和父母老师交流，或者扫描封底二维码获取线索与方案。笔者希望家长能鼓励孩子独立思考和寻找答案。

本系列图书的编写得到了丛书编委会成员、评审组专家以及视觉设计团队的大力支持。感谢丛书编委会成员王雯雯女士、熊标先生和孙洁女士。本系列图书在编写过程中还得到了评审组专家邵巍女士等人的悉心指导。来自美国超微半导体（AMD）的 Tao Deng 先生、字节跳动的吴国楠先生和阿里巴巴的冯超先生也在本书的编写过程中提出了中肯的建议。本书的封面、版式等视觉设计得到插画家张文绮（Vikki Zhang）女士的鼎力相助。笔者在此一并表示由衷感谢！

若本书行文过程中有不当疏漏之处，您可发邮件至zhiyousiwei@sina.cn与我们联系指正。也诚挚邀请对通识课程有兴趣的朋友与我们联系交流，共同为通识课程的设计与完善贡献力量。

瑞　娜

2024年8月21日

目录

地球生存法则 / 67

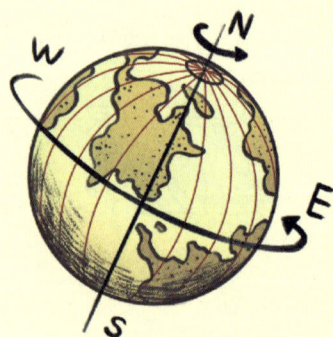

地球，你好！

应当始终把发展独立思考和独立判断的能力放在首位，而不应当把获得专业知识放在首位。如果一个人掌握了他的学科的基础理论，并且学会了独立地思考和工作，他必定会找到他自己的道路。而且比起那种主要以获得细节知识为其培养内容的人来，他一定会更好地适应进步和变化。

——选自《爱因斯坦文集》

欢迎来到地球

这里是什么地方？

这是我们生活的世界，它的名字叫作地球。地球为什么是这样的？为什么天会变亮会变黑？我可以像电灯一样发光吗？我可以像飞机一样飞上天吗？

是的，这是一个有着很多"为什么"的奇妙世界。欢迎来到地球！

宇宙大爆炸

根据目前科学界的主流说法，在很久很久以前，有一个很小，但是极其热、极其密的点，叫奇点。这个奇点在大约138亿年前发生了剧烈的膨胀和爆炸，形成了最初的原始物质，其中最多的是氢元素。随着爆炸后温度不断下降，物质在引力的作用下聚集，形成了星云，后来又逐渐形成了恒星、行星……最终演化成为我们今天的"宇宙"。直到今天，宇宙还在膨胀！

世界是由什么组成的？

世界是由物质粒子组成的。宇宙大爆炸后，随着温度逐渐降低，宇宙里的基本粒子，如夸克和轻子开始出现。它们像拼搭乐高积木一样，拼凑形成了更多粒子，如电子、质子和中子。电子、质子和中子结合，我们熟悉的原子诞生！与此同时，宇宙变得越来越清澈透明，光线开始可以自由地四处传播。

宇宙有没有边界？

这个问题到现在都还没有确切的结论。什么是宇宙的边界？边界是否存在？如果宇宙边界存在，这个边界应该是怎样的呢？……对这些问题，科学家和学者们有不同的观点。

一维　二维　三维

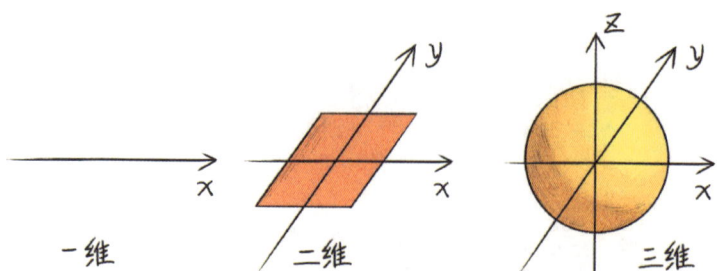

爱因斯坦认为宇宙是有界无边的。这个理论认为，对于我们现在所处的三维空间而言，从比它更高维的空间，如四维空间看，三维宇宙空间是有界但无边的。"有界"是指"三维空间"和"四维空间"之间存在边界，"无边"是指在三维空间里，活动的范围可以没有边际。

这类似于我们从三维空间看二维平面，二维平面只有长度和宽度，没有高度，它是有界的。但二维平面可以无边无际，长和宽可以无限延长。从二维平面看一维的一根直线也是类似道理。一根直线只有长度，没有宽度，它也是有界的。但是直线可以无限延长，没有边际。

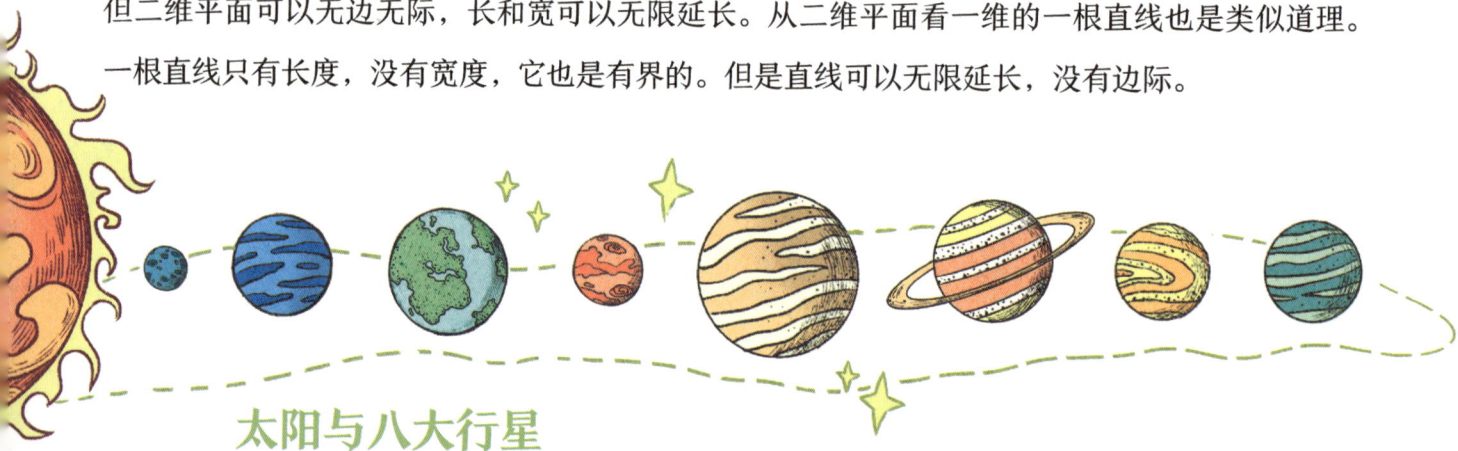

太阳与八大行星

在这个广阔的宇宙里，有一个星系叫太阳系。太阳系里，有八颗行星围绕恒星——太阳运行，它们是：水星、金星、地球、火星、木星、土星、天王星和海王星。

地球适合孕育生命

我们现在生活的星球叫地球。地球距离太阳的位置正合适，不会非常炎热也不会极其寒冷。恰到好处的距离让水能以液态的形式存在，这是地球上能够孕育出无数神奇而多样的生命的重要原因。

氧气与养分

在地球上，氧气与养分是维持生命的基础。植物通过光合作用吸收二氧化碳和水，释放氧气并制造葡萄糖等有机养分。这些养分不仅支撑植物自身的生长，还通过食物链传递给动物和人类。

海洋与陆地

蔚蓝色的海洋覆盖了地球上的大部分表面积，它不仅是全球气候的重要调节器，也是众多生物的家园。陆地上万物生长，从小小的花朵到参天的大树，从奔跑的羚羊到翱翔的雄鹰，生物的多样性令人叹为观止。

人类生活

人类是从早期的类人猿逐步进化而来的。经过漫长的发展，人类在地球上形成了复杂多样的社会结构和国家体系。人类拥有不同的肤色，属于不同的种族，讲着不同的语言，持有不同的信仰。地球上的建筑风格丰富多彩，各种美食也是数不胜数。此外，人类还创造了众多节日庆典、艺术作品，以及体育竞技等文体活动。

地球是我们的家园

人类在地球上追求并享受美好生活。你会在这里感受到爱。无论是家庭的温馨、朋友的陪伴，还是陌生人之间的善意相助，都是让你感受到幸福快乐的源泉。人类在这片丰饶的土地上"生根发芽"，创造璀璨的文化和科技奇迹，将地球装扮得更加多姿多彩。

1 人类和其他动物有哪些显著区别?

2 你觉得人类是地球的主人吗? 为什么?

3 你觉得地球正在变得越来越好吗? 地球正在面临哪些威胁和挑战?

4 要想地球变得更好, 你可以做些什么? 你觉得具体可以怎样做?

5 你想成为一个什么样的人? 请具体描述一下。

小马过河——感知世界

小马想要过河，可是不知道河水深浅，于是问牛伯伯。牛伯伯说："水很浅，刚没小腿，能蹚过去。"小松鼠从树上跳下来急忙说："河水深得很哩！昨天我的一个小伙伴就是掉进这条河里淹死的。"

小马拿不定主意，回家去问妈妈。妈妈说："河水是深是浅，你去试一试就知道了。"于是小马来到河边，尝试着自己过河。它发现，河水并不像小松鼠说得那么深，也不像牛伯伯说得那么浅。它顺利地过了河。

河水深得很哩！昨天我的一个小伙伴就是掉进这条河里淹死的。

水很浅，刚没小腿，能蹚过去。

小马是如何解决问题的？

当小马不知道河水深浅的时候，它是怎么做的？当它听了小松鼠和牛伯伯的话后又是怎么做的？最后，小马是如何得知河水深浅的？

我们通过五感认识世界

五感是指形、声、闻、味、触，分别对应人的视觉、听觉、嗅觉、味觉、触觉，我们通过五感认识这个世界。

触觉

皮肤可以感知温度、湿度、压力、疼痛等。

视觉

眼睛可以感知物体形状、颜色和亮度等信息。

听觉

耳朵可以感知声音，包括音调、音量、音色等。

嗅觉

鼻子可以感知气味。

味觉

舌头可以感知味道，包括甜、咸、酸、苦等。注意："辣"是辣椒素对人体的刺激，是一种痛觉，而不是味觉哦！

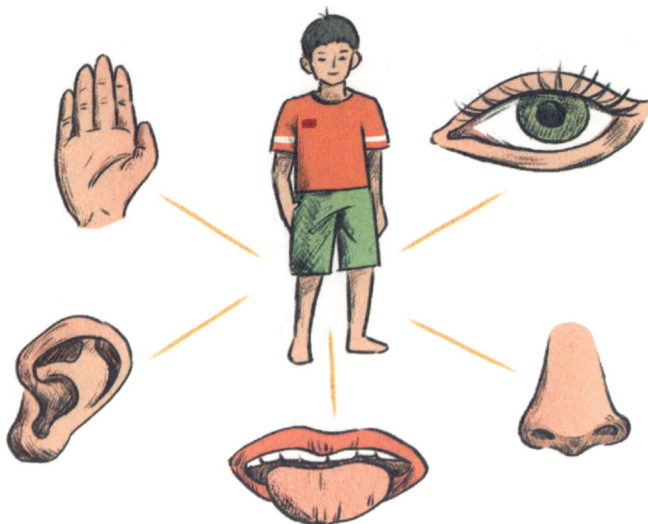

眼睛是我们认知世界的窗口

用眼睛观察是我们最常用的感知世界的方式。通过眼睛观察，我们可以看到物体的大小、颜色、形状、运动轨迹、运动快慢等。

观察与思考是探索世界的基础

物体从高空落下的现象每天都在发生，但在牛顿和苹果的传说故事里，牛顿看到苹果从树上掉落，思考苹果为什么是落下而不是斜着或者向上运动呢？通过分析和实验，最终牛顿发现了万有引力定律。虽然牛顿到底有没有被苹果砸中我们不得而知，不过，他一定一直在思考力与运动的问题。可见，观察和思考是我们探索世界的重要基础。

你是一个善于观察的孩子吗?

你通过观察世界想到了哪些问题呢?

你尝试过用什么方法寻找答案呢?

科学方法是怎样诞生的?

在感知世界的过程中人们搜集了关于周围事物的信息，通过对这些信息的思考和理解，人类获得了知识；通过思考和研究这些知识，人们收获了智慧。渐渐地，人们发展出了一套通过观察、实验、推理和验证的科学方法来探究世界。

正确的方法帮助我们提高做事效率

我们做两位数以上加减法时，会利用竖式计算法。在寻找几个数的公因数和公倍数时会用短除法。这些都是我们在日常学习生活中常用的计算方法。

运用科学方法的目的是尽最大可能去了解事物真实的状况，且科学方法是可以被不断改进和更新的。通过修正，科学方法可以更高效、更节约成本地帮助我们接近事实的真相。

测量为我们提供物体形状和位置的准确数据。人们通过先进的测量工具和测量方法研究定位技术，建设高精度地理信息系统。该系统极大地提升了车辆导航的准确性和行车效率，为人类社会创造了巨大价值。

知识与智慧的形成

随着人类不断学习和探索，我们在各个领域积累了丰富的知识和智慧，比如数学、物理、化学、生物、医药、航空航天、汽车制造、船舶工程、计算机科学、软件开发和芯片技术等。

1

小鸟拍动翅膀可以飞上天空，但是母鸡拍动翅膀却不能飞上天空。通过观察它们的外形特征，你觉得为什么母鸡飞不上天空呢？

2

在自己尝试探索世界的时候，应该首先保证自身的安全。如果你想知道一个游泳池的池水有多深，如何在保证自身安全的前提下找到答案呢？

3

除了靠自己感知和探索，我们还可以通过其他的方式获取知识和经验。当你想知道"这部电影好不好看？""这个药苦不苦？""这个游乐园好不好玩？""这家店的食物好不好吃？"的时候，想一想你可以怎样做？

4

如果要把下列液体分成两类，你有几种分法？分别按什么标准分？

牛奶、酱油、纯净水、白醋、洗洁精、可乐、苹果汁、料酒

5

你知道人类有哪些伟大的发明？你知道人类是怎样进行创造发明的吗？查一查，找一找，了解这些发明背后的故事。从这些发明过程中，你获得了什么启示？

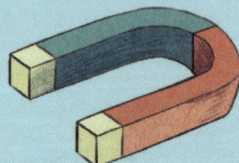

秒针嘀嗒嘀——时间的脚步

人类最初通过看日出和日落光线的变化感知时间的推移。日出和日落标志着一天的开始和结束。后来人们又通过观察月亮的变化来计算月份。

计时工具的产生与发展

随着人类活动的丰富，记录时间变得越来越重要，人们也发明了各种各样的计时工具。

1 日晷：古代的一种测试仪器，由晷盘和晷针组成，利用阳光照射晷针所产生的阴影投射至晷盘来测量时间，所以它在夜间和阴雨天就会失去效用。

2 水钟和沙漏：水钟和沙漏利用水流或沙子流动的速度来测量时间，比如说中国的漏刻，就是利用水的流动速度和时间的关系来计时的。

③ 机械钟：在公元14世纪，欧洲出现了机械钟——一种利用机械运动来计量时间的装置，使计时逐渐变得更加准确。

④ 石英钟：20世纪初，人们发现石英晶体在电场作用下会产生稳定的振荡频率，于是利用这一特性制作了石英钟。石英钟的核心部件是一个小型石英晶体。当给这个石英晶体施加电流时，它将以非常稳定和精确的频率振动。相比于传统的机械钟表，石英钟的走时更加准确，每月误差通常不超过几秒钟。

⑤ 原子钟：20世纪50年代，科学家们开发出了原子钟，这是目前世界上最精确的时间测量工具。原子钟以原子内部电子能级跃迁的频率为标准，可以达到极高的精度。

现在，记录时间的单位主要有：秒、分钟、小时、天、周、月、年和世纪（一个世纪相当于100年）等。

世界常用的公历纪年法

公历纪年法，即公元，是一种源自西方国家的纪年方法，又称西历或西元。公历纪年以基督教中耶稣诞生之年作为纪年的开始，耶稣诞生前被称为"公元前"。

1949年9月27日，中国人民政治协商会议第一届全体会议通过决议，新成立的中华人民共和国使用国际社会上大多数国家通用的公历和公元作为历法与纪年。

中国的干支纪年法

干支纪年法是中国古代最基本的纪年方式之一。它是用十个天干（甲、乙、丙、丁、戊、己、庚、辛、壬、癸）和十二个地支（子、丑、寅、卯、辰、巳、午、未、申、酉、戌、亥）的六十种组合来代表年份，六十年（称为一个甲子）为一个周期，每六十年轮回一次。

60种组合按甲子、乙丑、丙寅、丁卯、戊辰、己巳……的规律依次排列，10个天干的循环周期是10，12个地支的循环周期是12。干支纪年和公历纪年的计算起始年份相差3年，也就是从公元3年开始循环。

如果公元2025年用干支纪年法表示，可以这样算：2025-3=2022，2022÷10（天干的循环周期是10）的商是202，余数是2，对应的天干是"乙"；2022÷12（地支的循环周期是12）的商是168，余数是6，对应的地支是"巳"，所以2025年用干支纪年法表示是"乙巳年"。

中国古老的帝号或年号纪年法

在秦朝以前，用的都是帝王即位后的年次进行纪年的，如周宣王元年、齐桓公十年等。汉武帝刘彻继位后，即公元前140年，开始使用"建元"的年号，这一做法标志着中国历史上使用年号的开端。之后，每个皇帝登基后都会宣布自己的年号，比如唐太宗时期的年号是"贞观"、明成祖时期的年号是"永乐"等。

做时间的主人

时间不能倒流，每天只有24个小时，因此，时间是十分宝贵的。设置目标、制订计划表并按时作息，是我们管理好时间的有效方式。此外，你还可以借助一些小工具，如待办事项列表、番茄时钟工作法等，帮助自己成为时间的主人！

1

说说你的生日是几月几日？你可以说出爸爸、妈妈的生日吗？

2

在公元元年，也就是公元纪年的第一年，中国处于哪个朝代？

3

中国古代有一种时间单位叫"时辰"，用来划分一昼夜的12个时段。一天有12个时辰，一个时辰相当于现在的2个小时，并用十二地支给每个时辰命名。时辰的名称有：子时、丑时、寅时、卯时、辰时、巳时、午时、未时、申时、酉时、戌时和亥时。查一查，子时和午时分别对应一天中的哪个时段呢？

4

什么叫闰年和闰月？多久会出现一个闰年？

5

想一想，中国和其他国家统一用公历纪年法有什么好处？

神秘的"X"——语言与交流

当你看到一个人站在门口，双手在胸前交叉呈"X"，向准备进门的人示意，你觉得她想表示什么意思？

Je t'aime , Je t'adore   I love you

我爱你 IK hou van jou

사랑해　あいしてる

符号"X"可以表示"错误"和"未知数"等意思。看到"X"，你还能联想到什么？搜一搜，查一查，看看人们还用"X"表达什么含义？

我们有很多语言

语言是人类区别于一般动物的一个很重要的标志。它不仅包括语音和文字，还涵盖了手势、表情标志等。

交通信号灯的红色、黄色和绿色表示特定的意思，是一种交通通行语言；救护车、警车和消防车发出的不同警报声音也是一种语言；手语是一种肢体语言，音乐是一种声音语言，计算机程序可以用不同的编程语言来运行工作。

看看图中的手语，你知道它们代表什么意思吗？

通过语言，人们能够构建复杂的概念，记录历史，分享经验，并在社会互动中建立联系。语言的多样性反映了文化的丰富性，也是人类认知和创造力的重要体现。

学习语言可以锻炼大脑

学习语言可以锻炼大脑认知能力，提升大脑的注意力、记忆力、多任务处理能力和解决问题的能力。有研究表明，双语或多语种人士在一些工作中表现得更优异；此外，学习一种新的语言还有延缓大脑衰老的作用。

语言是我们与世界交流的重要工具

语言是人们交流思想、传递信息、表达情感、传承文化和促进思维发展的重要工具。因此，学习、保护和发展语言对于人类文明的传承和进步具有重要的意义。

目前，英语是世界上最通用的语言，覆盖的国家最多，是很多国际场合的官方语言。而汉语是覆盖人数最多的语言。

你可以创造新语言

语言不是一成不变的，它也在一直进化。人们可以为了适应新的用途和需求发明新语言。比如计算机程序设计中的C语言，便是在20世纪60年代末至70年代初为了提高开发操作系统的效率而诞生的。又比如Python语言是在20世纪90年代为了提高编程效率创造出的新语言。如今，Python语言在人工智能领域得到了广泛应用。

思考题

1　怎样用语言表达"爱"的意思？怎样表达"胜利"？

2　除了汉语和英语，你还知道哪些语言？

3　你有没有一些自己特别喜欢的语言或字符？比如26个字母里你最喜欢哪个字母？0~9这十个数字中你最喜欢哪个数字？为什么？

4　你是否可以不说话，用其他的方式逗父母开怀大笑？

5　如果给学校的洗手间设计标识，你会怎样设计"男生"和"女生"这两个标识？观察一下身边公共场所的洗手间标识，看看你的设计方案与他们的设计方案有什么不同？你喜欢哪个方案？为什么？

洗手间
Toilet

从马车到高铁——工具的演进

在中国古代，人们出趟远门到相邻省份可能都需要十天半个月的时间。当有紧要事情要传递时，人们会采用"八百里加急"的方式，沿途设立驿站，让不同驿站的马匹接力递送信息。而现在，人们乘坐普通民航飞机，在2天内就能绕地球飞行一圈。而载人飞船绕飞地球的时间更短，比如说中国的"神舟"载人飞船，约90分钟就能完成一次环球飞行。

劳动工具的进步

工具的发展最初是从劳动工具的发展开始的。在石器时代，人类用石头、木头、骨头等原始材料作为工具，捕猎和筑造房屋。在铜器时代和铁器时代，人类开始使用金属工具，如用铜、青铜和铁来铸造坚硬的工具、武器等。

工业革命后，机器成为工业制造中主要的生产工具，出现了各种机器臂、机器人等。未来随着人工智能的发展，劳动工具将变得更加智能化、自动化和便携化。

交通工具的演化

一开始，人们驯化动物作为交通工具，比如骑马赶路，用牛和马等驮运物品。车轮的发明可以追溯到公元前4000年左右的美索不达米亚地区。车轮的出现是交通史上的重要里程碑，它大大提高了陆地运输的效率。有了车轮之后，人类又发明了马车、牛车等简易的车辆。

人们还开始钻研造船技术，以满足水上交通和运输的需求。人们利用风力作用在帆上产生推力的原理，使船只能够在水面上自由航行。随着时间推移，造船技术不断进步，从简单的独木舟发展到复杂的多桅帆船，为人类探索世界提供了重要的交通工具。

18世纪60年代第一次工业革命期间，英国发明家詹姆斯·瓦特改良了蒸汽机，促进了一系列蒸汽动力交通工具的出现，包括依靠蒸汽机提供动力的火车和轮船。

德国工程师尼古拉斯·奥托在1876年发明了四冲程内燃机。内燃机通常使用柴油和汽油为燃料，为汽车和摩托车提供了动力源。除了使用油料，还有使用电力作为动力的电动机。电动机被应用于有轨电车和电动汽车中。随着石油工业快速发展，燃油车占据主导地位。但随着人们对清洁能源和环境保护需求的提升，以及电池续航能力的增强，电动车也开始逐渐普及。

人类飞上天空

在中世纪的欧洲，人们就开始尝试用鸟类的羽毛做成翅膀进行飞行，但未能成功。1783年，法国蒙哥尔费兄弟成功制成了可以载人的热气球，并实现了首次载人飞行。

飞艇是一种通过充满轻于空气的气体（如氢气）来获取升力的航空器。1900年，德国的齐柏林制成了第一艘铝制硬壳实用飞艇，并于1910年开辟了首条空中航线。

1903年，莱特兄弟在滑翔机的基础上制成了"飞行者1号"飞机，并完成了人类历史上第一次装有动力装置的航空器飞行，这一成就标志着飞机时代的到来。1939年，德国奥海因制造出了第一架喷气式飞机，并成功试飞。同年，被誉为"现代直升机之父"的西科斯基研制成功了VS-300直升机，可以说是现代直升机的鼻祖。

20世纪初期，一些国家开始研究如何将人类送入太空。1961年，苏联宇航员尤里·加加林成为进入太空的第一人。此后，人们开始了对太空的积极探索。与此同时，超音速飞机、隐形飞机、无人机等新型飞行器及新技术得到了大力发展和应用。

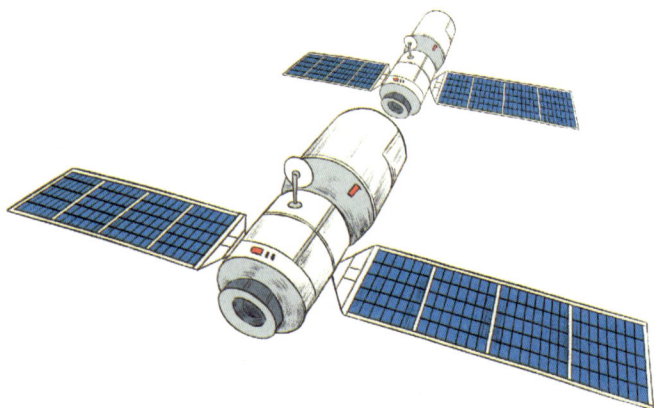

如今，我国在太空建立了自己的空间站——中国空间站（又称"天宫"空间站），它的轨道高度为400～450千米，支持着我国重要空间科学研究。

高效的高速路网时代到来

20世纪后期，日本率先推出了新干线高速列车，成为世界上第一个运营高速铁路的国家。这一创新推动了全球铁路运输技术的发展。随后，法国、德国等国家也相继开发并建立了各自的高速铁路网络。进入21世纪，中国已发展成为世界上拥有最庞大且最先进高速铁路路网的国家。

近年来，自动驾驶技术和电动汽车成为新的发展趋势，这是为了提高交通安全性并减少碳排放。未来我们可能会看到更多创新型交通技术，例如无人驾驶汽车、超级高铁，以及更高效的空中交通系统等。

工具的发明与改进促进人类进步

大型机器设备和机械手臂等劳动工具的发展提升了生产效率；高铁、飞机等交通工具缩短了世界各国的交流通行时间，扩大了人类的活动范围；手术工具的改进让医生能从事更精细复杂的手术医治病人；人工智能时代，机器人和各类人工智能软件大大提升了我们的社会运行效率。工具的发明与改进不仅是人类智慧和科技进步的体现，也是推动社会发展和人类文明进步的重要力量。

思考题

① 请描述一下你的文具盒里有哪些文具，它们分别有什么用途？

② 家中的厨房里有哪些工具？它们分别有什么用途？

③ 你家里有汽车或者自行车吗？汽车相比自行车，有哪些优缺点？在城市生活中，汽车和自行车分别适用于哪些应用场景？

④ 跷跷板是儿童乐园里常见的娱乐设施。当两个不同体重的小朋友坐在跷跷板的两端，你会发现什么现象？请你根据跷跷板的原理，尝试自己制作一个简易天秤，并利用天秤比较不同物品的质量差异。

⑤ 你能尝试发明一种工具来解决生活中遇到的某个问题吗？比如一个可以管理时间的工具、一个可以比较质量的工具，等等。

食物链与生态系统——人类的生存与发展

草 → 兔子 → 狐狸 → 狮子构成了一个简单的食物链。其中，草是生产者，它通过光合作用制造有机物，是食物链的基础；兔子是初级消费者，它吃草；狐狸是次级消费者，捕食兔子；狮子是三级消费者，位于这个食物链的顶端，捕食狐狸。

这个食物链展示了生态系统中能量和物质从生产者流向最终消费者的传递过程。每种生物都依赖其前一环节作为其食物来源，同时也为下一环节的生物提供生存所需的能量。

自然界中的生态系统

自然界中一定的空间范围内，生物群体（包括微生物、植物、动物以及人类等）与它们的非生物环境（如空气、水、土壤、光照等）之间相互作用、相互依存所形成的统一整体叫作生态系统。

根据不同的自然条件和生物组成，生态系统可以分为森林生态系统、草原生态系统、湿地生态系统、海洋生态系统、淡水生态系统等自然生态系统，以及农田生态系统、城市生态系统等人工生态系统。地球上最大的生态系统是生物圈，这是地球上所有生物及其生活环境的总和。

食物链

食物链就像一个吃东西的接力赛。植物是生产者，它们利用阳光和空气制作食物；然后，植食动物会吃植物，植食动物就是初级消费者；接着，肉食动物会吃这些植食动物，它们是次级消费者；最后，细菌和真菌这些分解者会把死去的动植物变成养分，再送回到土壤里，帮助新的植物生长出来。每个生物在这场接力赛中都有自己的角色哦！

人类的生存与发展

人类是杂食动物，这意味着我们既吃植物，也吃动物。因此，人类既是初级消费者（因为我们食用植物），也是次级乃至更高层次的消费者（因为我们也食用其他动物）。

在科技发达的今天，人类的食物来源变得更加丰富。然而，尽管人类被称作地球的主人，并且常常被认为处于食物链的顶端，我们在生态系统中仍然依赖其他生物。人类的活动对环境和其他生物产生了重大影响，因此保护生态平衡是我们的责任。只有在良好、和谐的环境中，人类才可能保持良好的生存状态，实现可持续发展。

思考题

1

水是生命的源泉。据你所知，人类有哪些破坏水资源的行为呢？人类又有哪些保护水资源的措施？

2

搜集一盆洗过衣服的污水，并尝试如何让这盆污水变成清水。

3

你知道全球气候变暖是由什么原因造成的吗？全球气候变暖会带来哪些灾难？怎样才能缓解全球气候变暖？

4

你知道目前有哪些清洁能源技术吗？这些清洁能源技术通常应用在哪些领域？

5

想一想用什么技术和方法可以降低和减少空气污染。

族群与国家——规则与秩序

我们的姓氏是怎么来的？我可以去别的城市和国家生活吗？为什么出国要办理护照和签证？这些问题都与族群和国家的形成有关，也与我们社会的规则和秩序有关。

群居生活保护个人安全

在原始社会，人们需要面对恶劣的天气、寻找食物、防止野兽袭击，一个人独自生活是很艰难的事情。然而，在群居生活中人们可以互相帮助，减少或避免个体受到伤害。拥有了共同的信念，成千上万就算是互不相识的人，也可以为了某个目的团结起来。

长期的共同生活、通婚和社会交往，以及共同的信念，如迁移、抵抗外来侵略等，让人类群体之间联系得更加紧密。

部落与民族

部落通常由一个或多个家族组成，他们通常住在一起，有共同的祖先，从相同的姓氏繁衍而来，共享资源，有共同的习俗和信仰。

民族是比部落更大的群体，通常由多个部落或社区组成。民族成员有共同的语言、文化、历史和价值观，比如他们通常会有自己的传统节日、音乐、舞蹈和服饰等。

部落和民族是人类社会中重要的集体形式。部落和民族都强调团结和共同体精神，是人们寻求归属感和安全感的重要来源。

城邦与王国

最早的城邦与王国通常由若干氏族和部落联合而成，它们通过征服、联盟或其他形式，实现对一片领土的统治。一个城邦或王国可能由好多个族群构成，这些族群的分工开始细化，比如有些族群种粮食，有些族群织布，有些族群做工匠……

随着人口的增长和资源争夺的加剧，领土概念逐渐形成，人类开始对特定地理区域划定边界，并对这些区域进行控制和防御。这种行为成为国家形成的重要标志之一。

为了进一步巩固国家的结构和功能，治理机构、法律体系和军事力量逐步建立，如出现了国王、士兵和法官等角色。

规则与秩序保障人类正常生活

为了维持社会运行的秩序，维护国家的稳定，人类制定了规则和法律体系来约束人们的行为，惩罚不良的行为。

规则和法律在约束我们的同时，也最大限度地保护我们不受他人的伤害。当伤害发生时，法律也能保护我们的合法权益。

战争与和平

由于争夺资源等利益冲突，以及宗教和种族矛盾，族群和国家之间的秩序和规则会被打破，战争就此爆发。战争带来的伤痛需要很长时间才能治愈。和平是人类的共同事业，需要各方共同争取和维护。

承担社会责任

作为地球和社会的一分子，我们每个人都担负着社会责任。除了爱护自然环境，保护地球生态以外，我们要遵守规则，不能触犯法律。在道德和法律的边界内，做我们喜欢做的事情，创造我们的幸福生活。

思考题

1

除了电灯和空调，你还想到哪些发明极大地提升了我们的生活舒适度？

2

如果你是一位科学家，你最想发明创造什么技术？为什么？它能为你或者人类社会带来哪些好处？

3

除了靠法律约束人们的行为以外，还能通过哪些途径来规范和约束人们的行为？

4

在现代社会，人们可以选择一个人独自生活，也可以和家人一起生活。你觉得这两种生活方式各有什么优缺点？

5

科学技术的发展可以在生活中造福人类，但也可能在战争中摧毁人类，说明一个事物有其两面性，也就是我们常说的"双刃剑"的意思。你能举出一个"双刃剑"事物的例子吗？

是什么在推动人类社会向前发展？

人类从捕猎打鱼到种田农耕，从打铁铸铜到工业科技，甚至进入太空登陆外星球，人类社会一步步发生着翻天覆地的变化。那是什么在推动人类社会向前发展和进步呢？

适应环境与生存

因为气候突然变化以及其他环境因素的综合影响，恐龙未能适应新环境，最后在白垩纪末期灭绝了。与恐龙不同的是，人类的祖先通过发现和使用了"火"，不仅改变了饮食习惯，开始吃熟食，还因此促进了脑容量的增大和体能的优化。

人类的祖先逐渐学会制造和使用工具，适应了各种环境变化，并逐渐成为地球上的主导者。

好奇心驱使人类探索世界

传说在大禹治水时期，在阳澄湖区域有一种"夹人虫"。它们经常夹伤治水的壮士，耽误工期。有一次，壮士们试着用开水浇灌的方式驱赶和消灭"夹人虫"。一位叫巴解的壮士，在清理被烫死的"夹人虫"时，闻到一股香味，他好奇地剥开"虫"壳，尝了一口，发现其味道鲜美无比。

这一发现很快在当地传开，"夹人虫"便成了人们餐桌上的美食。此后，人们在巴解的"解"字下加了个"虫"字，称之为"蟹"。巴解的好奇心和敢为天下先的行为，让他成了"第一个吃螃蟹的人"，也让人们认识了一种新美食。

人们渴望从探索未知事物中获得新奇的体验。在这种探索中，人类社会不断产生新的知识和创造新的成就。比如，服装店每季会更新服装款式满足客户想不断尝试新穿搭的需求；游乐场会定期更新演出项目和游乐项目，吸引新的游客和玩家……

人类追求更高的生活品质

人们希望有更高的生活质量，包括物质和精神两个层面。为了追求更舒适的生活环境，人们研究建筑、家居、服饰、美食和交通工具等。为了丰富精神生活，人们创作书籍、音乐、绘画和影视作品等。

比如，基础款电冰箱通常只有2个分区功能——冷藏和冷冻。为了满足人们贮藏食物的更高要求，技术人员发明了可以调节温度的冰箱，分区可以增加到3个甚至是4个。电冰箱技术不断进步和发展，也为企业和社会带来了源源不断的财富。

人类渴望提升能力与挑战极限

对自身能力提升和挑战极限的内在要求，促使人类不断学习、训练和拼搏，不断进步。"更高、更快、更强"是奥林匹克精神的核心体现。每一届奥运会，都有运动员打破某项运动的世界纪录。

人类对自身极限的追求和挑战可以让我们创造"不可能"。比如，在2004年雅典奥运会上，中国运动员刘翔以12秒91的成绩夺得男子110米栏金牌，该成绩也追平了世界纪录。在2024年巴黎奥运会男子100米自由泳决赛中，中国选手潘展乐以46秒40的成绩夺得金牌，并创造了新的世界纪录。

解决矛盾与冲突

人类社会不可避免地存在各种矛盾和冲突，比如新事物与旧事物之间的矛盾，以及不同的族群之间的利益矛盾等。当原有的方法不足以解决这些矛盾时，就会产生改进和变革的驱动力，这股驱动力会推动人类社会进入新的发展阶段。

改进工具创造更多生产价值

历史上每一次科技的重大飞跃，如农业革命、工业革命等，都离不开工具的改造和创造发明。这些技术进步极大地提升了生产力，推动了社会结构、经济形态乃至全球格局的变化。

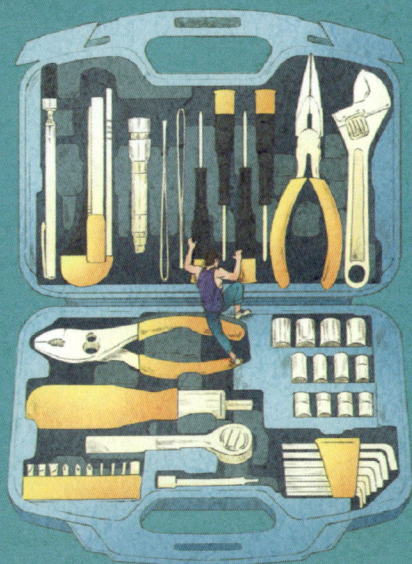

农业革命通过发明和优化农具，使人类从狩猎采集社会转向定居农业社会，极大地提高了粮食产量；工业革命则依靠蒸汽机等机械的发明，提升了生产效率，推动了工厂制度的发展和城镇化的进程。

人工智能技术促进了制造领域的快速发展。工业机器人在制造车间和智能港口码头等领域的应用，大大提高了生产效率等。

教育传播与文化交流

如今，我们生活在一个与外界频繁交流的信息世界，我们更应该加强交流与合作。

历史上，各国通过互相学习和借鉴，加速了技术创新和改进，进一步促进了人类社会的发展。比如中国的造纸术通过丝绸之路等途径传播到阿拉伯地区，并最终传入欧洲，为西方文明的传承做出了突出贡献。再比如意大利传教士利玛窦翻译的《几何原本》，促进了数学等科学在中国的传播。

人类社会在科技、文化、制度等多方面的创新，是推动人类生活质量提升的核心力量。技术进步带来了生产效率的提升和社会结构的变化，文化创新促进了思想解放和社会价值观的演进。物质文明、精神文明的进步推动整个人类社会的持续进步和向前发展。

① 社会有哪些变化时，你才会觉得社会进步了？请举例说明。

② 最近你在哪些方面有了进步？想一想，你是如何取得这些进步的？

③ 你以往取得进步时会获得奖励吗？你最喜欢哪种奖励方式？如果由你来制定规则，你会用什么方式促进和奖励进步？

④ 人工智能是当下非常热门的一个科学研究领域。你觉得人工智能可以为人类创造哪些价值？它会使人类进步吗？

⑤ 有人喜欢画画，有人喜欢唱歌，有人喜欢看书，有人喜欢打球……你觉得人们对某件事物的兴趣是天生的还是可以培养的？你有什么兴趣爱好吗？

思考力 想象力 创造力

光能

氧气
O₂

二氧化碳
CO₂

水
H₂O

糖
C₆H₁₂O₆

地球的规则

通德属于仁，通识属于智。其人具有通德通识，
乃为上品人，称大器，能成大业，斯为大人。

——选自钱穆《国史新论》

$$E=mc^2$$

物理变化与化学变化

冰激凌遇热会融化，水加热变成水蒸气、遇冷会结冰，柴火燃烧变成木炭……世界上每天都在发生着奇妙的变化。在这些变化中，有些是物理变化，有些是化学变化。

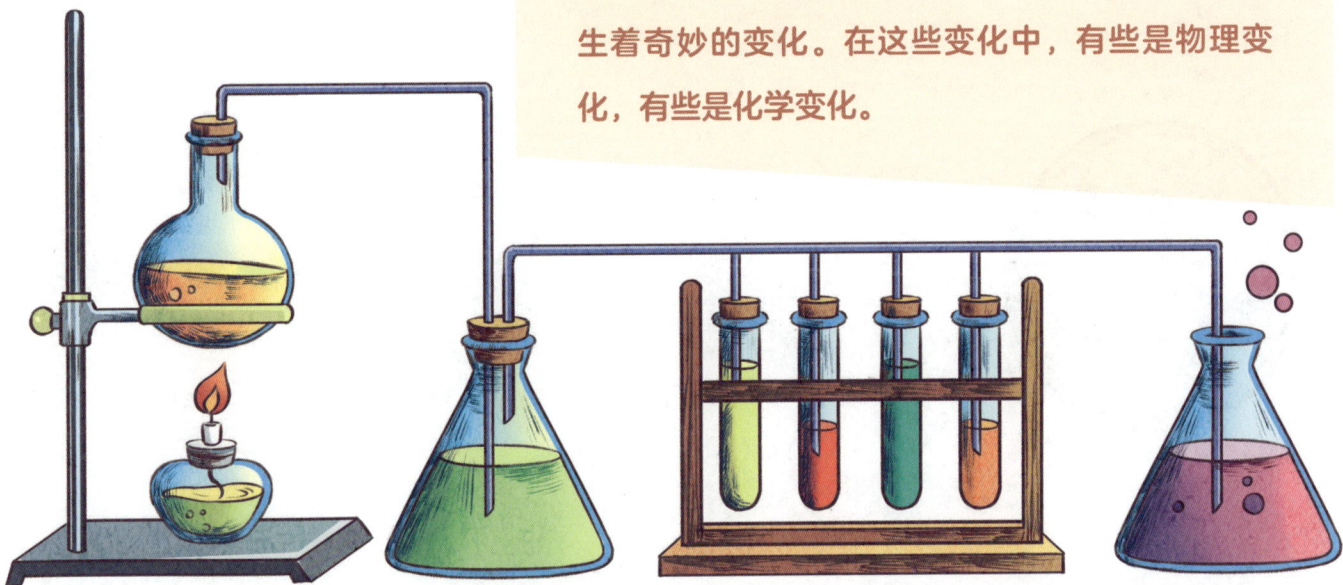

物质的组成

物质是构成我们周围世界的基础，它是由原子组成的。宇宙大爆炸之后，宇宙空间变得稀疏，物质可以分解成细微的颗粒，于是有了原子。原子是构成物质的基本单位，它则是由三个更小的粒子组成，分别是：质子、中子和电子。

质子、中子与电子

质子：带正电荷，位于原子的核心（原子核）。质子的数量决定了元素的原子序数，也就是元素在周期表中的位置。

中子：中性，不带电荷，同样位于原子核内。中子与质子一起维持着原子核的稳定。

电子：带负电荷，围绕在原子核外部的轨道上运动。电子的数量与质子数量相等，从而使得一个原子整体上呈电中性。

除了这些基本粒子，在更深层次上，质子和中子又都是由更小的粒子——夸克组成的。物质的不同组合和排列方式形成了我们所知的各种单质和化合物。

元素、单质与化合物

元素是质子数相同的一类原子的总称。由同种元素组成的纯净物叫作单质，由两种或两种以上元素组成的纯净物叫作化合物。自然界中的元素大多数以化合物的形式存在。

区别物理变化和化学变化

物理变化和化学变化的主要区别在于是否有新物质生成。

物理变化是指没有新物质生成的变化。例如，固态的冰受热熔化成水、液态的水蒸发变成水蒸气、水蒸气冷凝成水、水凝固成冰、金属受热变形、盐溶解于水等过程，这些都是物理变化，因为它们只是改变了物质的外形或状态，而没有生成新的物质。

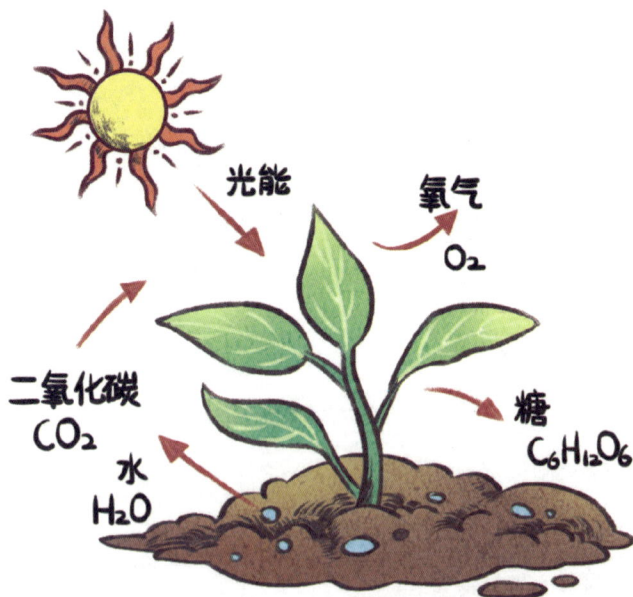

光能

氧气
O_2

二氧化碳
CO_2

水
H_2O

糖
$C_6H_{12}O_6$

化学变化，也称为化学反应，是有新物质产生的变化。例如，铁生锈、小苏打去水垢等过程，这些都是化学变化，因为它们生成了新的物质。

区别物理变化和化学变化有助于我们判断事物变化的本质，从而用正确的方法对待事物的变化。

比如，食物保存不当会变质，这是发生了化学变化，这时候我们就不能继续食用了，以免对健康造成不利影响。再比如，回收垃圾和进行废弃物处理时，对一些废弃物，如可回收垃圾和建筑垃圾可以做物理处理，但对另一些废弃物，如湿垃圾可能需要做化学处理。

H_2O

思考题

① 把西瓜榨成西瓜汁，这是物理变化还是化学变化？牛奶过期后变黏稠，且有酸味，这是物理变化还是化学变化？

② 黄曲霉菌是食物变质后容易产生的一种霉菌，这种霉菌毒性极强，对人体伤害非常大。你知道哪类食物变质最容易产生黄曲霉菌吗？这类食物日常应该如何保存才不容易变质？

③ 你知道什么是光合作用吗？光合作用是物理变化还是化学变化？

④ 用火焰枪喷出火焰切割钢材的过程中，钢材是否发生了化学变化？

⑤ 查一查，想一想，我们可以利用哪些方法净化水？

CO_2

量变与质变

水在不同的温度下会从液态变为气态（水蒸气）或固态（冰）。当水温升高到100℃，水分子运动加剧，液态水会蒸发成为水蒸气升入空中，这是从量变（温度升高）到质变（状态改变）的过程。当水温下降到0℃以下，水分子的运动减缓，最终形成有序排列的冰晶结构，这也是从量变（温度降低）到质变（状态改变）的过程。

量变是渐进的、连续的过程

量变指的是事物在数量和程度等方面的变化，这些变化并不会改变事物的本质。且量变是渐进的、连续的过程，有时是不易察觉的。温度的逐步升高和知识的逐渐积累都是量变的过程。在这一过程中，事物保持其原有的本质和特性，只是在某些方面有所增减或调整。

质变是事物发展过程中的飞跃

质变则是指事物根本性质的变化，事物由一种状态或形式转化为另一种截然不同的状态或形式。质变是突发的、非连续的，标志着事物发展过程中的飞跃，如水沸腾变成水蒸气。

量变和质变是相互关联的

在量变过程中可能包含着局部或阶段性的小规模质变，即部分质变；而在质变的过程中，也包含着新阶段的量变，从而形成"量变—质变—新的量变"的循环，从而推动事物不断发展。

学习弹奏乐器的过程就是这样一个量变到质变的变化过程。我们从最基础的弹奏技巧和方法开始学习，积累量变，到能熟练弹奏一些简单的曲子，通过一级考核，这是第一阶段的质变。在这个质变的基础上，积累新的量变，练习弹奏难度高一点儿的曲子，通过二级考核，达到新的质变，如此循环……

厚积薄发

"不积跬步，无以至千里。"只有当量变积累到一定程度，超越了某个阈值或度，才会引发质变。因此，没有量变的积累，就不会有质变的发生。量变的过程常常是缓慢与温和的，需要我们有足够的耐心和持之以恒的毅力。

学习语文和英语，需要有良好的词汇基础；学习数学，离不开扎实的计算能力。这些学习规律，都反映了量变是质变的基础。要在学习上迈上一个新台阶达到质变，需要夯实学习基础，积累量变。

除了学习，在生活中，我们也要注意量变引起质变的规律。比如布置节日会场，给气球打气时，常常会忽视气球已经膨胀到临界状态，继续打气气球就会爆炸。在炒菜时，如果油温过高，会形成油烟升入空中，形成油烟污染，对身体造成不利影响。因此，在日常生活学习中，我们要善于观察，认识事物的量变阶段和质变阶段，从而做出准确判断和操作。

思考题

1

除了水滴石穿、厚积薄发和聚沙成塔，你还知道哪些跟量变到质变有关的成语或者典故吗？

2

"星星之火，可以燎原。"这句话表达了什么观点和思想？是否也是一个量变到质变的实例？

3

习惯的形成需要时间，一般认为需要至少21天。你是否有养成一个好习惯的经历？你觉得养成一个好习惯需要面临哪些挑战？

4

质变需要量变的积累。但是，不是所有的量变都会产生质变的结果。精卫穷其一生填海，但因为海太宽广了，精卫很难把海填平。但精卫这种勇敢和坚持不懈的精神是值得我们学习的。因此，量变是一个探索、寻找和努力的过程，也是一个学习的过程，它的意义不由是否有满意的结果来决定。你是否做过没有满意的结果但你依然觉得很有意义的事情？请尝试描述你的收获和感悟。

昼夜和春夏秋冬的变化可能是人类最早感受到的周期。事物按照一定的周期轮回变化就形成了一种规律。自然界中充满了各种体现周期与规律的现象，这些现象横跨物理、化学、生物、地理等多个领域。根据周期与规律，人们可以进行预测和安排各种生产活动。

夏

秋

春

冬

昼夜更替

地球自转一圈大约需要24个小时。在地球自转的过程中，地球上太阳光照射到的一面是白天，未照射到的一面则是黑夜，从而形成了日夜更替的周期现象。

四季变换

地球绕太阳公转，由于地轴的倾斜，不同时间段太阳直射点的位置会发生变化，导致地球上不同地点的温度和日照时长也随之改变，这些变化导致了不同季节的产生。地球绕太阳公转一周大约需要一年。

潮汐是海水的周期性涨落现象

月球和太阳对地球的引力作用导致海水发生周期性涨落，形成潮汐现象。潮汐的大小和涨落时刻逐日不同。

生物钟也有周期

许多生物的生理和行为活动随地球自转呈现出周期性变化，如人的睡眠和觉醒周期。生活在潮汐发生区域的生物，像螃蟹，它们的活动规律与潮水的涨落规律相关。

一些动物的繁殖行为与月亮的阴晴圆缺，也就是月相有关，如珊瑚的集体产卵。许多生物的生命周期或重要生命活动，如迁徙、冬眠、繁殖等，与一年四季的更替有关。

元素周期表

元素随着原子核电荷数的增加，化学性质会呈现出规律性和重复性变化。元素周期表就是根据元素原子的核电荷数从小至大排列整理而成的化学元素列表。

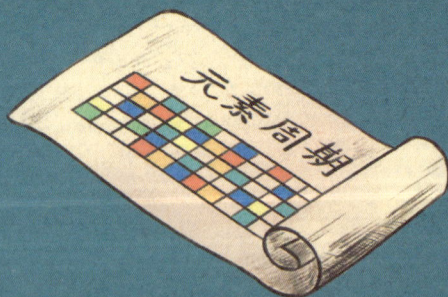

现在的元素周期表有7个周期，18个族，每1行叫作1个周期，从左到右，原子核最外层电子数依次递增。每1列叫作1个族，同一族的元素原子最外层电子数相同，具有相似的化学性质。

气候与地质活动中的周期现象

厄尔尼诺现象和拉尼娜现象，是气候系统中的周期性变化，它们影响了全球气温和降水分布。更长期的冰期和间冰期则展示了地质时间尺度上的气候波动，这些现象反映了大气圈、水圈、岩石圈和生物圈之间的物质循环的动态平衡，如碳循环、水循环，体现了地球系统中复杂且周期性的物质流动和能量交换。

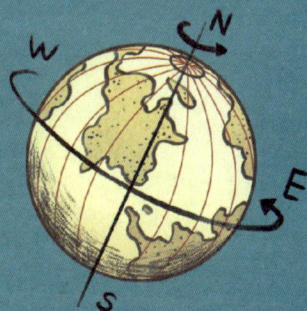

天文中的周期与规律

行星的自转和绕太阳的公转，以及卫星绕行星的运动，都是周期性的。某些恒星的光度变化，如造父变星，其亮度随时间呈周期性变化。

善于观察和总结周期与规律

观察与总结是我们学习周期与规律的常用方法。比如"$3,5,7,9,11\cdots\cdots$"这个数列有什么规律？通过观察得知第n个数的值等于$1+2n$，因此，如果假设 x_n 是第n个数的值，则 $x_n=1+2n$。

在很多学科中，周期和规律是重要的学习内容，如数学中的数列和函数、化学中的元素周期表和物理中的振动等。

对周期与规律问题的研究不仅能帮助我们理解自然界的运作机制，也能帮助我们开展科学研究和技术应用等。

思考题

1

卫星的运行轨迹具有周期性，地面接收器利用卫星信号的周期性和规律性来确定其位置，这是卫星定位系统的设计原理。除了钟表计时器和卫星定位系统，还有哪些发明和技术跟周期和规律有关？

2

生物体存在内在的周期性节律，如人体的睡眠——觉醒周期（约24小时），这就是生物钟。对生物钟的研究能帮助我们理解并调节生理和行为周期。请观察你的家人和自己的生物钟是怎样的，如大家几点起床，几点吃饭，晚上几点休息等。

3

俄国化学家门捷列夫制作的化学元素周期表展示了元素的周期性变化规律。化学元素周期表是一种将已知化学元素按照其原子结构和化学性质排列的表格。查一查，试着找到元素周期表中的规律。

4

刘慈欣的《三体》一书描述了三体人生活的乱纪元世界。在三体人的世界里，每天的长度是随机的，日出、日落和季节变化都是不规律的。想象一下那样的生活，与人类每天24小时规律的日出而作、日落而息的生活相比，你更喜欢哪一种？为什么？

江河湖海里的水经过日常蒸发、升空凝结、降水、地表径流、地下水流，再回到江河湖海，这一过程形成了一个水循环。水循环是地球上水资源再生和分布的关键过程，是所有生态系统的基础。

冷凝

降水

地表水

蒸发

地下水

循环与周期的区别

循环指的是事物周而复始地运动或变化，这些运动和变化不一定具有固定的时间间隔或模式。比如雨水落到地上，流到河流里，蒸发到天上，再形成雨落回到地上，这个循环过程可以是几天，或是十几天，没有规律的时间间隔。

周期则具有固定的时间规律性和重复性，且周期主要指时间上的规律重复。循环可以是时间上的，也可以是空间或其他维度的重复过程。

自然界中的循环系统

在自然界中，存在着多种循环系统，这些循环对于维持地球生态系统的平衡、支持生命活动至关重要。

碳循环是自然界中的一种重要的循环，指碳元素通过一系列的生物和化学过程在生物体、大气、海洋和土壤之间不断转换和循环。

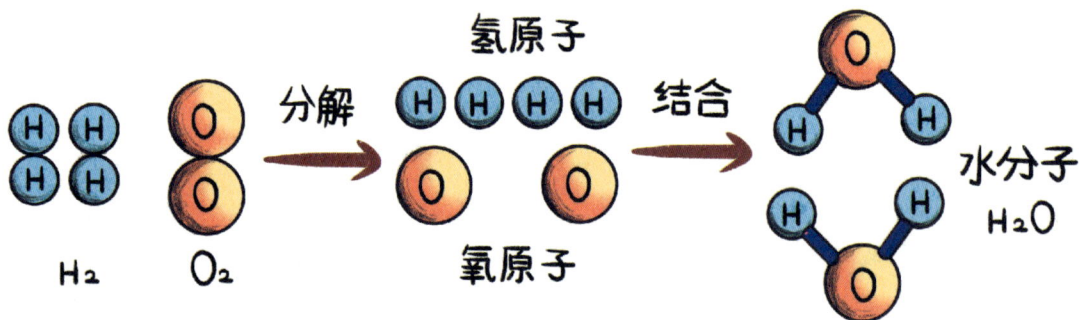

氢原子

H_2　O_2　分解　H H H H O O　结合　水分子 H_2O

氧原子

碳循环包括：

① 光合作用：植物和其他生物吸收二氧化碳并将其转化为有机物；

② 呼吸作用：动植物及微生物将有机物分解成二氧化碳；

③ 分解作用：微生物分解动植物遗体并释放出二氧化碳；

④ 化石燃料的燃烧：人类活动通过燃烧煤、石油和天然气，将储存在地下的碳迅速释放到大气中。

此外，海洋也是一个重要的二氧化碳储存库，海洋通过多重机制储存和释放二氧化碳，这些过程对全球碳循环和气候变化有着重要影响。

物质守恒定律

法国化学家拉瓦锡总结出了物质守恒定律，也称为质量守恒定律。这一定律指出，在任何与外界隔绝的物质系统（孤立系统）中，无论发生何种物理变化、化学反应或核反应，系统内物质的总质量保持恒定不变。

换句话说，物质既不能被创造，也不能被消灭，只能从一种形式转变为另一种形式。

能量守恒定律

在一个封闭（或孤立）系统中，能量既不能被创造，也不能被消灭，只能从一种形式转变为另一种形式，或者从一个物体转移到另一个物体，系统中能量的总量是保持不变的。

爱因斯坦总结的质能方程式

爱因斯坦的伟大成就之一是定义了物质的质能方程式 $E=mc^2$。该等式反映了物质的能量 E 和质量 m 之间的关系，c表示光速，在真空中传播速度约为$3×10^8$米/秒。

基于质能方程式的应用

物质由原子组成，原子又由电子、质子和中子构成。根据质能方程式，人们研究了原子中微小粒子的变化引发的质量变化和相应的能量变化，开发出各种基于质能方程式的应用。

原子中微小粒子的状态可以是稳定的，也可以是不稳定的。粒子会从一个能级跃迁到另一个能级，粒子的这种跃迁会导致原子的质量发生变化。根据质能方程式，物质的能量也会相应发生变化。

通过原子核裂变，原子可以爆发出巨大能量。在军事方面，原子弹的爆炸就利用了质能方程的强大威力。核潜艇和核动力航空母舰利用核动力技术，通过核裂变产生的热能转化为动能获得动力，不需要频繁加油，提高了续航能力和作战效力。

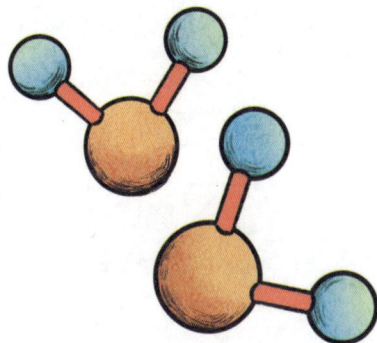

1

自然界中除了水循环、碳循环，还有一种重要的物质循环——氧循环。参考碳循环的过程，并查阅相关资料，说一说自然界中氧的循环过程。

2

既然宇宙的物质和能量守恒，是否意味着我们的资源是取之不尽，用之不竭的？我们是否可以随意使用甚至浪费资源？为什么？

3

可再生能源，如太阳能、风能、地热能和海洋能的利用，都是运用了能量守恒定律。认真观察，想一想我们身边有哪些产品是利用太阳能的？

4

氢燃料通过氢气和氧气的化学反应产生电能，唯一的副产品是水和热，对自然界没有污染，极其环保。所以，氢燃料被应用在电动车领域。氢燃料电池将氢气储存在高压罐中，通过化学反应将氢气和来自大气的氧气转化为电能，为电动车提供动力。但截至目前，氢燃料电车还没有得到大规模应用，只在小范围内使用。如果一项先进的科学技术，没有得到广泛的应用，请你想想有可能是什么原因呢？

开始

输入三个不相等的数 A、B 和 C

A>B?

A>C?

B>C?

输出 A 为最大

输出 C 为最大

输出 B 为最大

结束

YES NO YES NO NO YES

日常生活中，我们常常会用到"算法"。比如，开车时我们经常使用地图导航软件。输入出发地和目的地后，导航软件会告诉我们行驶的路径方案、各个方案预计花费的时间、红绿灯个数以及行程距离等信息。这些信息是软件通过一系列算法得出的。

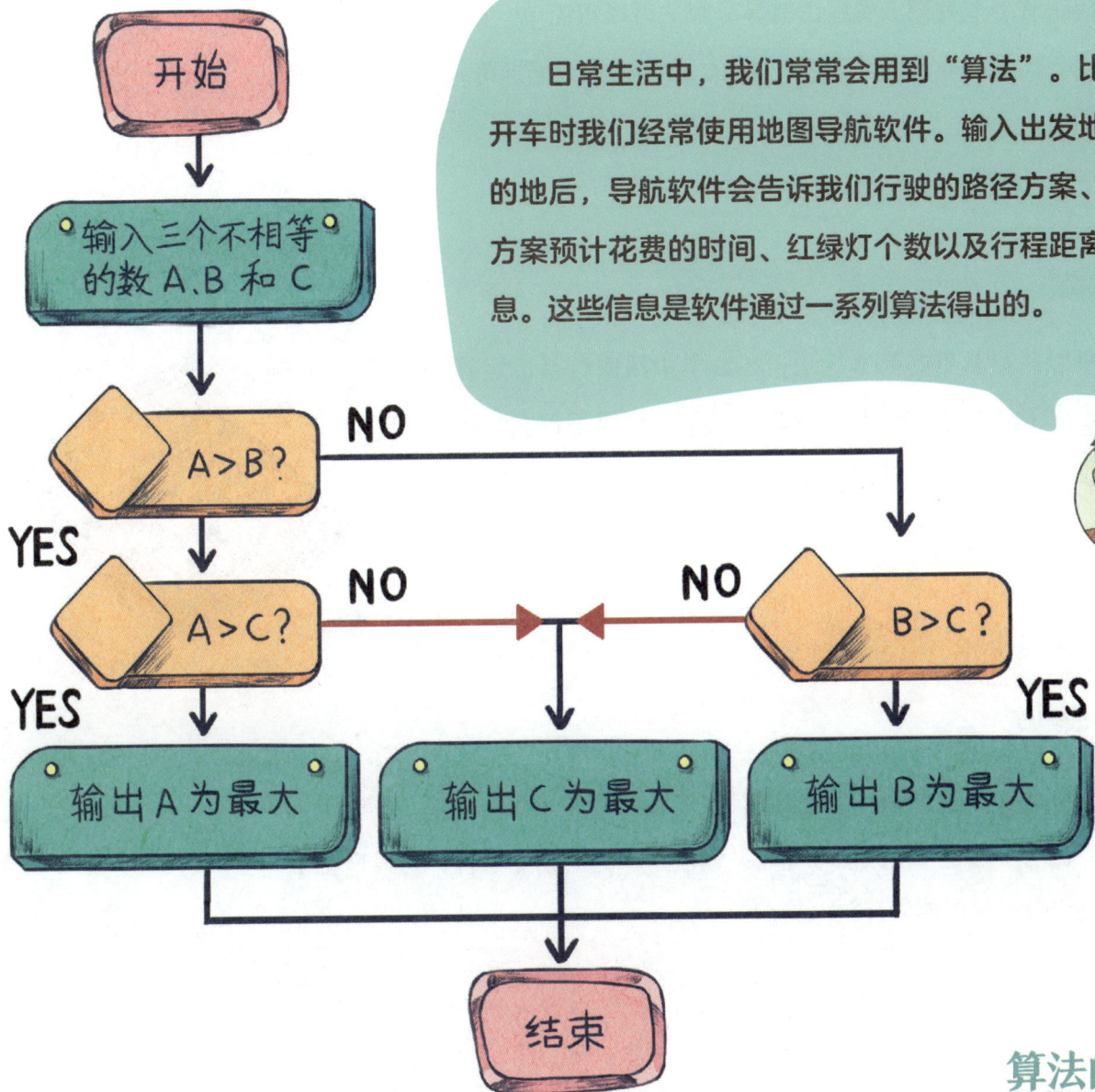

算法的起源

算法思想最早可以追溯到古希腊时期。欧几里得在其著作《几何原本》中提出了求最大公约数的欧几里得算法，这通常被认为是历史上的第一个算法。

在中国，算法一词可以追溯到大约成书于公元前1世纪的《周髀算经》，这本书主要阐述了盖天说和四分历法，同时介绍了数学领域的一些研究经验和成果，尤其是勾股定理的公式与证明。

什么是算法?

算法是一系列精确而完整的指令集，是用于解决特定问题或执行特定任务的方法，是一种精心设计的、分步骤的解决策略。

我们的世界离不开算法

我们的世界离不开各种操作步骤和算法。算法可以用多种形式表达，包括自然语言、符号语言、代码语言、流程图或编程语言等。算法可以很简单，如查找列表中的最大数字、红绿灯在规定时间变化颜色等，也可以极为复杂，比如用大数据训练人工智能学习等。

加减乘除

加减乘除是最常见的简单算法，在数学中用四种基本运算符号+、–、×和÷来表示，并进行算术操作。我们不仅在学校学习和考试中会遇到数学运算，在日常生活场景中也会广泛应用它，比如旅游出行、各种消费和理财等。

算法的特点

算法的每个步骤都是有明确定义的，且能在有限的步骤内完成，不能陷入无限循环。算法可以有零个或多个输入，也就是问题的初始条件，可以产生至少一个输出，也就是问题的计算结果。

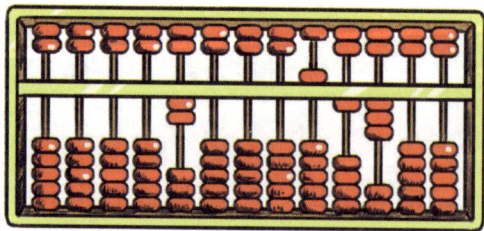

优秀的算法

算法的效率通常用占用的时间和资源多少来衡量。优秀的算法可以在保证正确性的前提下，尽量降低资源消耗。

比如，我们去银行排队办理业务，银行通过业务分类和同类型业务窗口统一排序叫号的方法，改进了排队算法，减少了人们等待的时间，提升了办事效率。

方法一	洗水壶	灌凉水	烧开水			泡茶喝
			洗茶壶	洗茶杯	拿茶叶	

方法二	洗水壶	洗茶壶	洗茶杯	拿茶叶	灌凉水	烧开水	泡茶喝

时间(T)

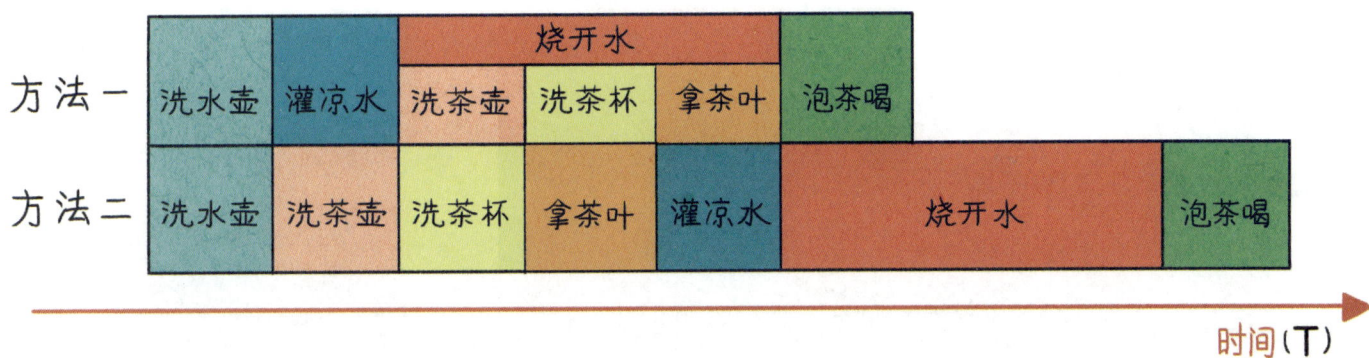

再比如，以"烧水泡茶"为例。华罗庚统筹法通过利用时间来提高效率，可以实现做一件事的同时进行另外一件或几件事情，如方法一，在烧开水的过程中，我们可以同时做洗茶壶、洗茶杯和拿茶叶这三件事。而通常的做法是方法二，按部就班地根据时间顺序做每一个步骤。由时间轴T可知，华罗庚统筹法节约了烧水泡茶的时间。这种方法广泛应用于工业制造领域，大大提高了生产效率。

算法的应用

算法的应用范围极其广泛，从日常生活中的排列组合、概率计算、排序、查找搜索，到科学研究、工程技术、经济管理、人工智能等领域，都是算法发挥作用的舞台。在人工智能技术快速发展的今天，算法的研究已经成为各个领域学科知识体系里的重要组成部分。

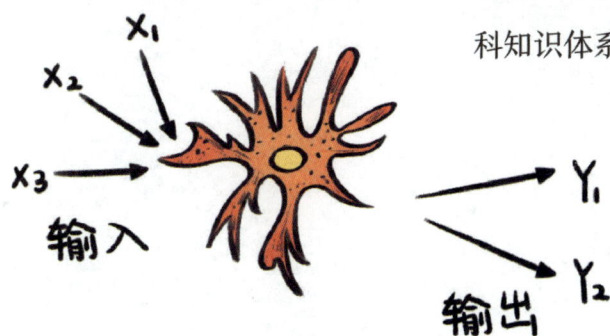

X_1
X_2
X_3
输入
Y_1
Y_2
输出

改进和创造算法

算法是很多科技领域里的核心技术，会随着科技的进步和研究的深入不断创新和改进。在未来会有更多新型算法和计算模型被提出，如基于生物计算、DNA计算等新兴领域的算法。

1

一家糖果店正在举行促销活动，买三送一。如果小明有20元钱，而每根棒棒糖的价格是1元，请问小明最多能买到多少根棒棒糖？说说你是怎么算出结果的？

2

对于"鸡兔同笼"问题，笼子里总共有30个动物的头和88条动物的腿，问笼子里有多少只鸡和多少只兔子？你可以想出几种方法求解？你觉得哪个方法最好？尝试把这个方法用语言或思维导图描述出来，写成一个算法。

3

人工神经网络是一种模仿人脑神经元结构和功能的计算模型，用于处理和学习复杂的机器学习任务。人工神经网络由输入层、隐藏层和输出层构成，其中隐藏层是实现算法步骤的一层。比如对于一个算式，$a=1$和$b=2$是输入层；隐藏层是"a和b两个数做加法"；输出层是c，也就是输入a和b，执行"两个数做加法"这个算法后得出的计算结果。

现在已知，输入层是$a=3$和$b=4$，隐藏层是"两个数相乘"，请问输出层此时输出的c应该显示什么数字？若已知输入层$a=2$和$b=2$，输出层$c=4$，尝试想出三种可能的隐藏层算法。(答案不唯一）

公理与定理

世界依据一定的规律在运行，这其中的一些"道理"已经被人们通过长期的观察、实验和理论推导研究出来，帮助人类理解和探索自然界的奥秘。

公理与定理

公理是逻辑系统或数学理论中，被直接接受为真的基本命题，不需要证明。比如：

1 任意两点可以确定一条直线。

2 如果两个三角形的三条边分别相等，那么这两个三角形完全相等。

3 加法和乘法的结合律：$(a+b)+c=a+(b+c)$ 和 $(ab)c=a(bc)$。

定理是通过逻辑推理证明具有正确性，可以作为原则或规律的命题或公式。一个著名的例子是勾股定理，它告诉我们在直角三角形中，斜边的平方等于两条直角边的平方和。

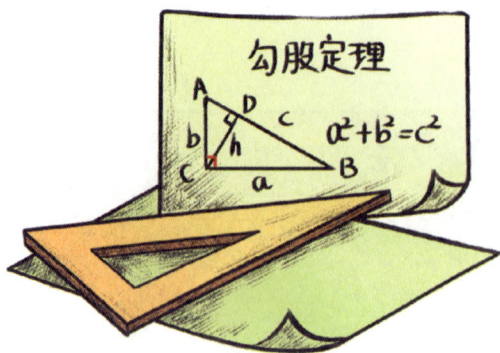

从公理推导出定理是数学、逻辑以及科学领域中非常重要的推理方式，帮助我们理解和探索世界的规则。

公理的来源

公理的首要来源是人们对世界的普遍理解和实践经验总结。随着历史的发展，一些定理经过人们长期实践检验，逐渐成为不需证明的公理。

还有一些公理，它们并非来源于人类的共同经验，而是来自一个学者对某个理论体系或规范的提前规定和设定，这个公理只在这个体系内成立和有效。在使用公理和定理时，需要特别注意它们成立的前提条件。

比如，我们日常学习的几何知识主要来自欧式几何体系。有一条"普莱费尔公理"：给定一条直线，通过此直线外的任何一点，有且只有一条直线与之平行。这条公理由数学家普莱费尔基于欧几里得《几何原本》第一卷公设中的第五条平行公设提出，作为欧氏几何的公理得到应用。而在非欧氏几何体系中，罗氏几何（也称为双曲几何）公理则规定：经过直线外一点至少有两条直线与已知直线平行。黎曼几何（也称为椭圆几何）公理规定：经过直线外一点没有与原直线平行的直线。

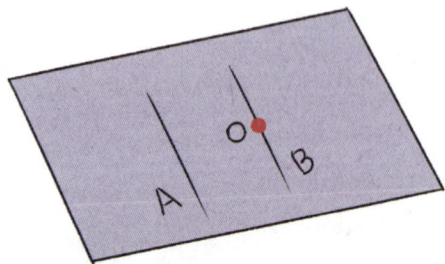

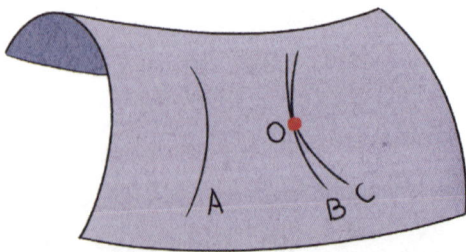

欧式几何（平面几何）　　　　罗氏几何（双曲几何）　　　　黎曼几何（椭圆几何）

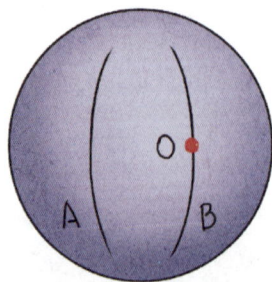

如图"三种几何体系"所示，在欧氏几何中，经过直线A外的一点O，有且只有一条直线B在平面上与A平行；在罗氏几何中，经过直线A外的一点O，可以有B、C等多条直线在曲面上与A平行（不相交）；在黎曼几何中，经过直线A外的一点O，没有直线与A平行，经过O点的任意直线最终都会与直线A在曲面上相交。

公理与定理的应用

一些公理和定理作为常识存在于我们的学习生活中，影响着我们对事物的认知和生产生活。同时，公理和定理被用来创造很多新技术，服务人类生活。比如，新能源技术是利用能量守恒定律，将清洁能源转化为电力能源。

基于一些公理和定理，我们可以提出一个命题或观点，并且用公理和定理来论证我们的命题和观点。在数理领域，很多证明题的推理和论证就是这样进行的。比如：如果两条平行线被第三条直线所截，则内错角相等，同旁内角互补，同位角相等。这条结论可以由欧氏几何体系的公理和这些角的定义推理证明。

公理与定理的发展

随着研究理论和科学技术的发展，每年都会涌现出不少新的定理，也会有少量新的公理产生，帮助人们构建新的认知体系。

公理和定理是我们在学习中进行分析和推导的有力工具。我们需要对新出现的理论保持敏感和与时俱进的态度，既不被现有已知公理与定理限制，又能利用好它们帮助我们推导新结论、新认识，创造更多促进社会发展的工具和发明。

思考题

1

除了以上的例子外，想一想，你认为哪些表述肯定是正确的？查一查它们是不是公理或定理。如果不是，尝试探究这些表述是否正确，比如"高处的水总是往低处流""在地球上，人无法悬浮在空中"，等等。

2

在大约公元1世纪的中国古代，有一部讲述算术和解题技术的数学著作，对后世数学家如刘徽、祖冲之等产生了深远的影响。你知道它叫什么名字吗？

3

日常生活中，有一些陈述不是公理和定理，而是一种经验总结或俗语，比如，墨菲定律说："如果事情有可能出错，它就会出错。"意思是越怕出错越容易出错。你觉得这句话有科学性吗？

4

勾股定理是几何中常用的一个定理。你知道勾股定理是谁提出来的吗？尝试了解一下这个定理的推导过程。

偶然与必然

逛街时偶遇老朋友、买彩票中奖和发生交通事故，这些都是我们生活中随机发生的偶然事件，我们很难预料它们发生的时间或者结果。而日出日落、季节交替是必然事件，是可以预测或者一定成立的事件。

什么叫概率?

概率指在一定条件下可能出现也可能不出现的随机事件及其出现的可能性大小。比如，我们说："今天大概率会下雨。出门最好带上雨伞。"意思是指今天下雨的可能性大于不下雨的可能性，所以建议出门带好雨伞。

偶然与必然

偶然与必然与数学概率理论有关，反映了事物发展过程中存在的两种不同趋向。

偶然指的是事物发展过程中不确定的、可能这样出现也可能那样出现的特性。偶然事件往往难以预测，它们的发生似乎没有规律。

必然是指事物在发展过程中肯定会发生的一种情况或趋势。我们可以通过不断地观察、研究、学习和实验，掌握这件事物发展的规律，并对它给予预测和预判。

偶然与必然二者在现实世界中往往是相互交织、相互作用的。即使是必然事件，它发生的具体表现和时间也可能受到偶然因素的影响。比如，天气预报说今天一定会下雨，今天下雨是必然发生的事件。但眼看着乌云密布，大雨将至，大雨是在这一分钟下，还是在下一分钟下，这是难以预料的，存在一定的偶然性。

　　而在一些看似偶然的事件背后，往往也隐藏着某种必然性。比如醉酒驾车导致交通事故。在警察检查醉酒驾车的案例中，虽然不是每一起醉酒驾车案例最后都发生交通事故，但这种行为有严重的安全隐患，如果不及时制止和处罚，这种行为多次发生必然导致交通事故。因此，醉酒驾车在我国是违法行为，《道路交通安全法》是明令禁止的。

偶然和必然互相转换

　　在一定条件下，偶然与必然可以相互转化，原先被认为是偶然发生的现象可能是必然的结果。比如，很多人都在努力，只有一小部分人最后变得优秀。变得优秀看起来是一种偶然，但认真分析这些优秀的人努力的方法和奋斗经历之后，发现一个人只要沿着正确的路线、使用恰当的方法、勤奋努力……最后变得优秀是一种必然。

可能与不可能

　　与偶然和必然相似的一对关系是可能与不可能，它们也是描述事物发生概率的一组词。

　　可能意味着某件事有发生的概率，不论这个概率是大还是小。不可能则表示某件事完全没有发生的概率，或者说在任何条件下都无法实现。比如，这杯牛奶可能已经过期了；这杯水可能是甜的，也可能是咸的；人不可能长出翅膀；太阳不可能绕着地球转等。

观察和研究事物发生的偶然性与必然性，可以帮助我们更好地理解和预测事物的发展趋势，以及把握事物的发展规律。在天气预报、风险评估、质量控制、机器学习、算法设计等方面，这些研究都会发挥积极的作用。

思考题

1

小明有时会丢失一些文具，比如偶尔会找不到橡皮或者尺子，但他没有放在心上。有一天，他丢失了一支自己最喜欢的笔，他感到非常懊悔。你觉得小明把心爱的笔弄丢是偶然事件还是必然事件呢？请你帮帮小明，给他一些建议，避免他今后再丢失文具。

2

有人说，一个人的家庭决定了一个人的成长轨迹和最后是否能成功，你同意这个观点吗？为什么？

3

孔子十五岁立志，三十而立，五十知天命，即五十岁知道人的能力有限，难以违抗天命。那么为什么他能在五十岁之后越战越勇，有教无类，广收弟子，在七十岁以后达到了自己的人生巅峰呢？

4

人们总是趋向于去做那些确定的、一定会发生的事，而不太喜欢冒险去做那些不太确定、付出可能没有回报的事。然而，我们发现，虽然人们都知道能一夜暴富的机会很小，但不少人仍旧喜欢购买彩票、参与抽奖，你觉得这是为什么？

系统是如何工作的？

在自然环境和社会生活中，充满了各种系统。森林、河流、海洋等自然环境中的生物群落和非生物成分相互作用，形成复杂且动态的生态系统。

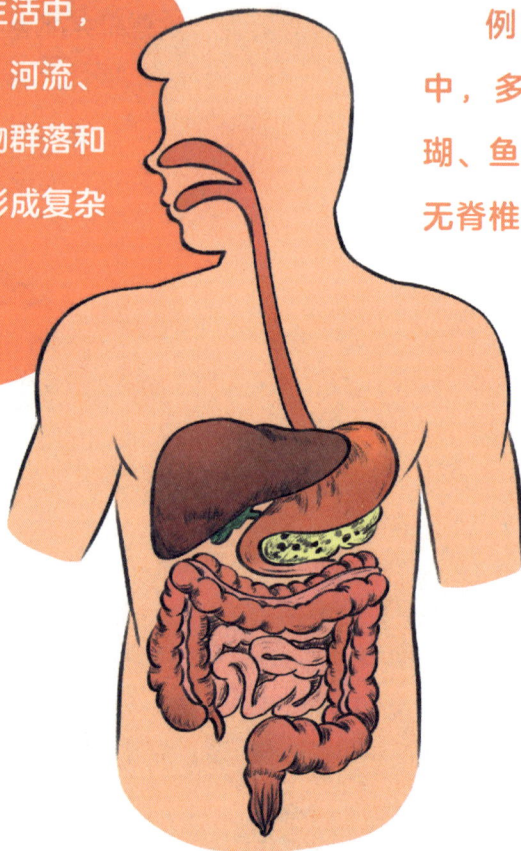

例如，在珊瑚礁生态系统中，多样化的生物群落包括珊瑚、鱼类、藻类、甲壳类和其他无脊椎动物。这些生物与海水中的化学成分、光照、水流以及温度等多种非生物因素紧密互动，共同维持生态系统的平衡与功能。

什么是系统？

系统是由输入元素通过相互关联和相互作用结合而成的集合。系统的这些组成部分共同工作以实现一个或多个目标。

人体中也存在很多系统，如呼吸系统、循环系统、神经系统、消化系统等；这些系统协同工作，维持着人体的正常生理功能。

木桶短板理论

在一个木桶中，如果有一块板是短的，那么这块短板会限制木桶能装的水的深度。一个系统，倘若其中的某个环节出现短板，那么整个系统的输出效果都会因为该短板而大受影响，这就是短板理论。

因此，越复杂精密的系统，对系统中各个元器件和运行环节的要求越高。一旦其中一个细小的零件或环节发生问题或故障，都会影响整个系统的正常运行。

比如，对于一辆汽车，胎压侦测故障、制动故障、温度感应装置故障，或是方向盘锁死等任何一个故障，都会导致汽车不能正常行驶。这就要求我们对待系统时要保持注重细节的严谨的科学态度。

系统有什么作用?

系统最大的作用是可以实现1+1>2的效果。比如，通过一个杠杆系统，可以用较小的力撬动一个质量较大的物体。扳手和手推车就是利用杠杆原理和系统，达到"蚍蜉撼大树"的效果。

智能网联汽车系统

智能网联汽车系统是一个复杂的智能系统。该系统给车辆配备了高级的传感器、控制器、执行器、通信技术和云计算，可以知晓实时路况、做出决定、控制车辆，让驾驶变得更安全、高效、舒适和环保。智能系统单靠一个器件是很难完成这些工作的，必须很多部件一起协作。

车辆上的传感器会收集各种信息，有些信息会在本地快速处理，帮助司机马上做出反应。其他的信息会被上传到云端进行详细分析、存储和进一步处理。

根据车辆的实时位置和高精度地图，导航系统能为司机提供准确的路线指引、交通信息和路况更新。车辆和云端连接后，乘客还能获取实时天气、新闻和娱乐内容等个性化服务。

智能网联汽车的各个部分互相配合，不断感知、分析、决策和执行，形成一个高度自动化、智能化的驾驶环境，为智慧交通系统提供基础信息数据。

　　此外，多辆车可以合作，优化交通流量，减少堵车，提高道路使用效率。交通管理中心可以根据车辆反馈的数据实施智能调度和管理。整个智能网联汽车世界就像一个和谐工作的人工智能网络。

　　我们身边还有运输和物流系统、超市的POS系统、银行的ATM系统、医院的患者信息系统、移动通信系统、空间站系统……这些系统各自拥有独特的结构和功能，但在很多情况下，它们相互依赖，共同构成了我们生活的世界。

1

　　如果一个红绿灯交通系统大致由红绿黄三色灯、定时器和电源三个部分组成，想一想一个电热保温水壶系统大致由几个部分组成？家里的中央空调系统大致由几个部分组成？

2

　　尝试描述在蚂蚁窝或者蜂窝系统中，里面的成员是如何分工和互相协作，共同维护它们的家园的。

3

　　观察一辆自行车，想一想，自行车由哪些部件组成？它们各自承担什么功能？在这些部件里，哪些是核心部件？（提示：核心部件是指如果它们发生故障，自行车就无法使用了的部件。）

4

　　观察一个由人组成的系统，比如一个班级，想一想这个系统正常运转需要哪些必要的条件？（提示：如班规、班长、学科老师等。）

地球生存法则

思考力 想象力 创造力

现代教育的理论是，在你专攻之前，你需要接受通识教育。

——出自1994年查理·芒格南加大演讲

每天，我们都有很多需要做的事情，比如吃饭、学习、休息、清洁和整理等。同时，我们有很多想做的事情，如旅游、看电视等。人在社会中，需要遵守社会规则、承担责任，也需要懂得如何让自己快乐。只有我们每个人懂得如何通过正确的方式让自己快乐，我们的社会才会和谐，世界也会变得更美好。

感官的快乐

人对快乐的基本体验首先来自感官的体验。在本书第二节中，我们讲到人有五感，视觉、听觉、味觉、嗅觉和触觉。因此，能给我们的五感带来良好体验的快乐是最直接且相对来说最容易获得的。比如，吃一顿新鲜营养的美食，看一场精彩的比赛，听鸟儿在林间歌唱，穿一件舒适材质的衣服，在大自然中闻到花草的香气，都可以让我们觉得快乐。

心灵的快乐

心灵的快乐指能提供情绪价值，让人心情变好的快乐方式。比如与家人、朋友敞开心扉交流，通过努力终于掌握新知识，照顾许久的流浪动物一看到你就会主动跑过来，等等。心灵的快乐通常比较难以获取，但却比感官快乐更为持久。

保持身心健康

身心健康包括生理健康和心理健康。健康的饮食、适量的运动和充足的睡眠对于身体健康至关重要，身体健康是所有快乐的基础。心理健康包括人在学习、生活中有良好的情绪状态，环境适应正常、态度积极和行为适当等。

准确合理地表达自己的诉求

日常生活中，错误和不理性的表达会引起不必要的争吵和冲突，比如大声喊叫、哭闹，甚至动手威胁等。这样的表达方式，不仅不容易让自己的需求得到满足，反而会让矛盾升级、冲突加剧。

比如你想买什么东西，或者想在课余时间玩一玩娱乐设备，可以心平气和地与父母沟通，告诉他们你的消费计划，你是如何安排自己的时间的。父母盼望着你的成长，他们乐于看到你懂得思考，懂得计划安排自己的事，会给你独立完成的机会。

把兴趣变成爱好

探索新知的好奇心是人类与生俱来的。《论语》中说："知之者不如好之者，好之者不如乐之者。"如果你能从你感兴趣的事物中发现探索和学习的乐趣，比如在弹奏一门乐器、学习一项体育运动、尝试解一道数学题和做手工等活动中感到兴奋和快乐，就可以尝试把兴趣变成自己长期从事的爱好活动，这能让你收获更持久的快乐。

判断一项探究活动是否可能发展成为爱好甚至是以后的工作和事业的依据之一，是看你是否能专注并沉浸其中。如果你对某项探究活动有较长时间的专注力，且不会很快厌倦而转移注意力，那么这可能就是你的兴趣点和你的天赋所在。

获取新技能和新体验

新鲜的事物能带给我们新的能量和知识养分。学习新的语言、学习弹奏乐器、看展览、参观博物馆、旅行、尝试不同的美食、参与各种研学活动……积极尝试新事物、获取新体验是获得快乐的重要方法。

懂得自我激励

自我激励是主动获得快乐的有效方式。我们往往希望借助他人和外部力量来帮助自己成长和摆脱负面情绪，但其实我们对自己的激励和心理暗示是最直接和快速有效的。

常阅读，常思考，吸收他人的智慧和能量，不怨天尤人，自己给自己加油打气，渐渐地，你会发现自己不需要依靠外部力量也能挺过难关。这会让你感觉自己变得更强大、更独立。这种感觉能让你觉得快乐。

社交与分享

情绪是影响我们快乐感受的重要因素。社交与分享可以帮助我们排解负面情绪，收获快乐情绪。比如，时常与家人和朋友聊天，参与家人和朋友的聚会，加入社团或志愿者工作，参加一些业余体育活动和学习班等。

需要注意的是，我们要与合适的对象参与适度的社交活动，在外部社交行为中注意社交距离并保护个人隐私。如果遇到不合适的对象和不恰当的社交行为，社交和分享的效果可能是负面的。

快乐是我们每个人的权利，也是我们这一生在探索和追求的目标之一。每个人对快乐的定义不同，找到适合自己的方式，不断在生活中实践，让我们的生活充满快乐。

思考题

1 自由的前提是不触犯法律，那你觉得快乐的前提是什么？

2 如果你想周末去游乐园玩，但你还没有写完作业，爸爸妈妈希望你能先完成作业再出去玩。你可以有几种方式与爸爸妈妈沟通呢？

3 因为游乐园人多拥挤，排队等待时间过长，导致游客游玩体验非常糟糕。如果你是游客，你觉得可以怎样解决这个问题？如果你是游乐园方，你会如何解决这个问题？

4 《论语》第一篇第一句提到人生三乐："学而时习之，不亦说乎？有朋自远方来，不亦乐乎？人不知而不愠，不亦君子乎？"查一查这三句话的意思，尝试了解孔子讲述的三种人生乐趣，你是否有和孔子相同的感受呢？

判断是非

我们通常会用"是"和"非"来表示我们肯定或否定的态度。"是"和"非"可以表示"真"和"假"、"对"和"错"、"支持"与"反对"等这些判断和立场。

某件事是真的还是假的？某个行为应该做还是不应该做？日常学习、生活中我们会频繁遇到需要判断是非对错、善恶美丑的问题。

在狐假虎威的故事里，狐狸假借老虎的威势吓唬百兽，狐狸本身并没有那么威风。狐假虎威的"假"字，意思是借用、利用。

"假"字还有个常用的意思是指不真实的，与实际情况不符合的，与"真"相对，比如：假山、假话、假冒、假释、虚假、真假和弄虚作假等。

想一想，你的生活中曾出现过哪些假的事物或利用假象达到目的的情况？请你判断一下右边说法哪些是错的，哪些是对的。

1　太阳的表面温度比月球高。　　（　）
2　东方明珠电视塔在北京。　　（　）
3　三角形有四条边。　　（　）
4　1+1=3。　　（　）
5　海水适合人们直接饮用。　　（　）

人们发明了很多工具来判断真假，比如：验钞机、防伪码、测谎仪等各种检测设备和仪器。此外，我们还可以通过一些方法来帮助我们判断是非。

核实信息

验证信息来源的可靠性和真实性，能避免人们根据错误或误导性的信息做出判断。比如你在网上看到一则新闻，别急着相信，先要检查发布这则新闻的网站是否权威，看看其他可信赖的媒体是否也报道了同样的内容。

权威媒体
AUTHORITATIVE MEDIA

判断是非的基本标准

判断时我们首先需要建立一个判断的标准。在学科领域，判断标准通常是科学常识和公理、定理，比如1+1=5结果是对的还是错的？根据数学计算的原则，这道题的结果是错误的。

在社会行为领域，判断的标准是一个价值观体系。价值观体系是人们判断行为对和错、该做什么和不该做什么的准则和依据。

具备基本的正确价值观

我们的价值观一开始是通过受教育获得的，家长和老师会给我们传授基本的价值观，告诉我

们需要遵守的基本行为规范。比如，我们日常学习生活中最基本的价值观有：

1 遵守法律；

2 保持公共环境整洁卫生，不乱扔垃圾；

3 好好学习，天天向上；

4 尊老爱幼；

5 过马路走人行道。

……

这些价值观可以指导我们的行为，也是我们判断一些行为是对还是错的基本依据。

国家的法律为人们提供最基本的是非判断标准。在判断一件事情做得对不对时，你可以通过查看是否有关于此事的法律和规章制度，来判断这件事情应该做还是不应该做。这是最简单和最基本的判断是非对错的依据。比如，闯红灯、不按规定标识行驶会危害公共安全，需要承担后果并负相应的法律责任。

环境保护问题是探讨人类社会与地球之间关系时绕不开的重要话题，关系到我们人类长期的生存和发展。如今，在很多事件和行为判断上，我们会以对自然环境造成什么样的影响作为判断依据，尽量避免那些破坏生态平衡、对环境造成不可逆损害的行为。

在成长中形成自己的价值观

随着我们不断成长，通过观察和实践，经过反省和经验总结，我们逐渐形成了自己的价值观，开始按照自己的价值观判断我该做什么，什么行为在我看来是对的或是错的。

成长环境和个人经历会影响一个人价值观的形成。我们需要通过接受正规的教育和自我的努力学习，形成正确的、对自己和社会都有益处的价值观。

《论语》中提到："君子喻于义，小人喻于利。"《孟子》中提到："生，亦我所欲也；义，亦我所欲也。二者不可得兼，舍生而取义者也。"匈牙利诗人裴多菲在诗作《自由与爱情》中写道："生命诚可贵，爱情价更高。若为自由故，二者皆可抛。"这些语句体现了人们在成长经历中形成的自己对道义和金钱、对生命和正义和对自由与爱情的价值观判断。

人们通常运用社会广泛接受的秩序规则和习俗、良知和道德规范来判断是与非。这包括但不限于公平、正义、诚实和同情心。如果你已经建立了自己的是非判断标准，你可以有自己的行为方式。但在公共领域，我们的行为需要符合公序良俗和道德规范。比如，不在公共场所大声喧哗、不破坏公共设施、不乱涂乱画、不攀折树木、不随意践踏草坪等；又比如，在家和一些私人场所，你可以按自己的喜好和风格穿衣着装，但是在政府机构、法院和学校等公共场合，我们需要注意穿着得体。

了解和听取他人看法与建议

尝试从不同的角度和立场考虑问题，理解不同群体的观点和感受，尽量平衡个人、他人和社会各个群体的利益，这有助于我们更准确地做出判断和给出最优的行动选择。

是非判断的结果是对还是错，往往不是绝对的，它可能会随着新信息的出现、情境的变化和个人价值观的不同而有所调整。有人以是否有利于自己为判定标准，有人以是否有利于大多数人为判定标准，甚至在某种情况下，选择A或B都是合理的，每个人会根据自己的情况做出最适合自己的选择。

1

除了真假、对错，想一想，还有哪些由互为相反意思的字组成的词？比如黑白、多少、长短、远近等。

2

与假有关的一些词语和典故有：明修栈道，暗度陈仓；海市蜃楼；欺世盗名；假仁假义；掩人耳目；鱼目混珠；以假乱真；虚张声势；草船借箭；声东击西等，你了解它们的意思吗？

3

小明说："我的年龄比佳佳和欣欣大。"佳佳说："我的年龄比小明和欣欣大。"欣欣说："我的年龄比小明大比佳佳小。"他们中有一个人说错了，是谁说错了？

4

动物会用一些假象伪装自己，骗过敌人。想一想，动物都会用什么方式伪装自己？

5

《论语》中有这样一个故事。叶公在一次与孔子的交谈中说："我的家乡有一位年轻人，他的父亲偷了一只羊，这位年轻人到官府告发了他的父亲，你说这位年轻人是不是非常正直？"孔子说："我家乡为人正直的人不是这样的。我们那里父亲为儿子隐瞒，儿子为父亲隐瞒，正直也在其中了。"意思是，在孔子看来，这位儿子可以私下直接纠正父亲的行为，劝告父亲改正和弥补错误，而不是直接到官府告发父亲，在大庭广众之下揭发父亲，与天伦之理相悖，甚至有利用父亲之过为自己博取名声的嫌疑。如果你是这位儿子，你会如何做呢？为什么？

保护自己和帮助他人

一群小朋友在院子里玩耍。一位小朋友看到屋檐下的燕子窝被风吹得快要坠落了，便想搬把梯子爬上去救燕子宝宝。其中有些小朋友同意爬梯子救燕子宝宝，而另外一些小朋友认为爬高很危险，最好叫大人来帮忙。这些小朋友都很棒，他们都有爱护小动物的善良之心。但此时此刻，我们也要懂得保护自己，寻找更好的解决问题的方法。

学会自我保护

学会自我保护是一项重要的生存技能。除了基本的烹饪、清洁、管理钱财和基本维修技能等生存技能外，我们还需要具备安全意识，懂得自我保护。学习自我保护包括了解消防安全知识、在公共区域谨言慎行、在家注意用气用电安全、上网注意网络安全并保护个人隐私等。

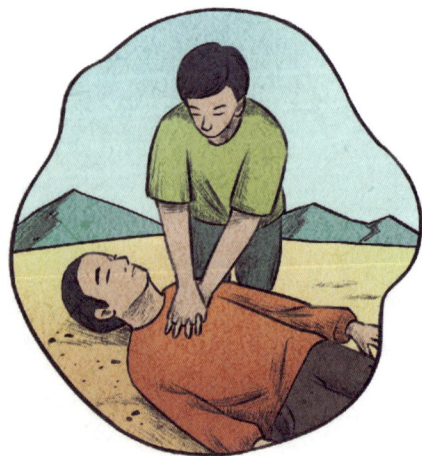

学会应对突发事件

生活中难免会发生一些难以预料的情况。因此，我们需要学习一些应急技能来应对突发事件，比如学习基本的急救技能，像CPR（心肺复苏术）和止血包扎等；了解自然灾害和人为紧急情况下的避险逃生知识；学习野外生存技能，如定向越野、搭建避难所、生火等。

了解自己的能力范围

一定要在确保自己安全的前提下再帮助他人，同时，我们需要明确自己能提供什么帮助。要了解自己的极限，不要超出自身能力范围。

在提供帮助之前，尽量了解对方的具体需求和情况，这样可以更有效地提供帮助，同时也便于评估可能存在的风险。

水深危险

寻求帮助和与团队合作

当你觉得自己不能独立克服困难，需要帮助时，千万不要感到不好意思和羞愧。求助对象可以是你的家人、朋友和社会公共服务机构，如派出所、医疗急救、消防、市民服务热线、心理咨询热线和法律援助服务等。

与此同时，不要贸然独自行动，尽量寻找能与你共同行动的人。如果可能，与其他志愿者或组织一起工作，团队行动不仅能提高效率，也能相互支持和保护。

110 报警
120 急救
119 火警

记住，帮助他人是一种美德，但确保自己的安全同样重要。合理地应对和保护自己，才能持续地为社会贡献力量。

思考题

1

我们常常听到"要在自己力所能及的范围内帮助他人"的说法。那么"力所能及"是什么意思？

2

古希腊有个寓言故事叫作《农夫与蛇》，它讲的是：在一个寒冷的冬天，一个农夫在路上行走时发现了一条冻僵的蛇。出于同情，农夫决定救这条蛇。他把蛇放到自己的怀里，用自己的体温温暖蛇，希望能让它恢复活力。不久之后，蛇逐渐苏醒过来，但它却突然咬了农夫一口。农夫感到极度痛苦和震惊，在生命的最后一刻，他后悔不已。这个寓言故事说明了什么道理？它提醒我们在对外提供帮助时要注意什么呢？

3

"无私无畏"这个成语描述了一种理想的人格特质。在社会生活中，无私无畏不仅是对个人品德的赞美，也是对团队合作、领导力和公民责任的一种期待。它激励人们在面对社会不公、自然灾害等挑战时，能够团结一致，无私奉献，勇敢担当，共同克服困难，促进社会的进步和发展。雷锋同志就是这样一位无私无畏的人，是我们学习的榜样和楷模。你还知道哪些具有"无私无畏"品质的人吗？他们的行为和事迹给了你什么启示？

尝试与探索

好奇心是人类与生俱来的。人们对自己不了解的事物，有天然想要去探究、了解的冲动。比如人类看到鸟儿在天空中飞翔，想去探索飞行是什么原理，怎样可以飞起来，并尝试在自己身上装上翅膀，看看能不能飞起来。

尝试与探索使我们快乐

尝试和探索是我们寻找快乐的方式之一。一种新体验，一种新感受，让我们觉得新鲜和美好。但如果我们通过尝试和探索没有达到目标和预期，可能会让我们失望，产生畏难心理，阻碍我们获得快乐和成就感，并让我们对下次探索和尝试变得犹豫和不自信。

畏难心理

畏难心理指人们在面对挑战或不确定性的情境时，由于内心缺乏信心、勇气和决心，而产生的回避、退缩或逃避的心理状态。畏难心理可能会导致个体在面对困难时选择放弃努力，而不是积极寻找解决问题的方法，从而影响个人的成长、学习成效和目标实现。

你害怕困难吗？

当我们有如下这些行为时，可能是产生了畏难心理：

1. 拖延行动，不愿意开始或继续进行具有挑战性的任务；
2. 过分强调潜在的困难和障碍，忽视自身能力和可用资源；
3. 容易感到沮丧和无助，对未来持悲观态度；
4. 避免承担新的责任或尝试新事物，害怕失败和批评；
5. 倾向于找寻各种借口和理由来合理化自己的不作为。

不要害怕失败

我们每个人都会经历一些失败。大多数时候，我们看到的都是别人成功的时刻。但是，我们也应该看到，成功背后是更多的尝试和努力，没有人能随随便便成功。

只要确定我们行动和努力的方向是正确的，那么即使失败，也意味着我们可以多总结一分教训，收获一分经验，距离成功又近了。

量变到质变之失败与成长

前面小节中我们讲到，量变到质变是事物发展的必然规律。在发生质变前，都需要一定的量变积累。某次尝试的失败不是没有意义的，失败可以让我们积累经验和教训，促使我们改进当下的行事方式，避免再一次失败，最终收获成长。

中国女子网球运动员郑钦文就是在一次次失败中成长起来的。她一开始的网球比赛成绩并不突出，在2018年国际女子职业网球协会世界排名中排在900多名。但在一次次和其他优秀选手的

交手和训练中，她逐步提升了自己的技能，世界排名逐渐上升，2023年上升到前20名，2024年进入前10名。在2024年巴黎奥运会上，郑钦文获得女子网球单打金牌，这是中国乃至整个亚洲历史上首枚奥运会网球女子单打决赛金牌。

机会留给有准备的人

生活中会不时出现能够改变命运或推动个人发展的机会，但只有那些事先做好准备、不断提升自我、保持警觉和积极态度的人，才能够及时识别并有效地把握这些机会。如果我们因为畏难而没有实际行动，那么自己的能力就不会得到训练和提升。当机会来临时，我们是无法抓住的。

在挫折与失败中收获成长

乔布斯在创业过程中经历了多次失败和挫折，甚至包括被自己创立的苹果公司解雇等。但他没有气馁和放弃，他坚信创新性的科技产品和新的用户体验终究会为社会带来价值。在被苹果公司解雇后，他坚持研发新的产品功能，设计新的用户界面。经过一段时间的研发和积累，他向大众展示了他的创新成果，收到很多好评。终于，苹果公司决定再次聘用乔布斯，而他也没有计较之前苹果公司解雇他的不愉快经历，而是利用苹果公司这个更大更强的团队和平台，推出了iPod、iPhone等一系列革命性的产品，实现了自己的科技梦想，也使苹果公司成为全球市值最高的公司之一。

因此，不要害怕挫折与失败，而是关注我们在这些经历中收获了怎样的成长。某次尝试失败了，并不意味着你的人生是失败的。同样，某次尝试成功了，也并不意味着整个人生就成功了，这只是在某个阶段收获了喜悦与成长，接下来我们还会面对新的尝试和新的挑战。

1

游泳这项运动，有人是通过自己练习学会的，没有经过教练的专业指导；而有人是在专业体育教练的指导下学会的。你觉得这两种学习方式各自有什么优势和劣势呢？

2

现在有很多学习和解题软件，遇到不懂的题目，学生可以通过软件搜索解题方法和答案，不需要去请教老师或父母。但一些父母和老师并不鼓励这种依靠软件搜题学习的方式。你觉得这种学习方式可能会带来哪些问题？怎样做才能平衡这种学习方式的利弊？

3

户外探险活动通常会进入未知或较为偏远的自然环境，比如深山、森林、洞穴和河流等，往往会面临如洪水、山体滑坡、极端气候、野生动物攻击、疾病、缺水或食物短缺、迷路、装备故障、跌落、溺水、冻伤、中毒等各种风险。你觉得为什么在有诸多风险的情况下，很多人仍旧喜欢户外探险？如果你参加户外探险活动，需要做好哪些准备工作？

4

"循序渐进"和"摸着石头过河"都表达了一种谨慎的探索学习态度，比喻在不确定的环境中，通过试探性的行动，小范围实验，逐步改进和积累经验，寻找最合适的解决方案或路径。请你参考"摸着石头过河"的探索方法，尝试制订一个学习骑自行车的计划，计划需包含具体的学习阶段，每个阶段的学习内容，每个阶段所需的时间等。

我可以有很多选择吗？

我喜欢打篮球，可是我个子不高，我可以学习打篮球吗？我不喜欢游泳，我现在可以不学习游泳吗？世界是丰富多彩的，世界的多样性表现在自然界、人类社会、文化、思想、生物种类、环境等多个方面。因此，你可以有很多选择。

正确的选择和错误的选择

很难用一个标准去衡量选择的对和错，因为很可能当下是对的、让你觉得快乐的选择，过一段时间回头来看可能是错误的、让你后悔的选择。对和错只能在事后进行检验和判断。

上周文具店打折促销，你看到店里你喜欢的文具套装在打七折，你用自己的零用钱买了好几盒。可是这周，你发现这家店促销打五折，更划算，你后悔自己没有晚一周再买，这样可以多省些零用钱。但观察了一会儿后，你发现你喜欢的那个文具套装都已经卖完了，现在打五折的文具套装都不是你喜欢的，这时你又觉得自己上周七折买到自己喜欢的文具套装，还是一个很明智的决定。

这个例子说明，我们只能在做选择的那时那刻，尽量做出最适合自己、最合理的判断和决策，即使今后回头来看可能是错误的，我们也应该坦然面对和接受。

大多数人的选择不一定适合你

考大学的时候，很多人会选择报考热门的学校和热门的专业，但请你考虑清楚，这个专业是否符合你的兴趣且能成为你未来长期发展的职业方向。

有人做过一个调研，问一群成年人他们人生中最后悔的事是什么？排在首位的事情是后悔自己年轻的时候没有努力学习，排在第二位的事情是后悔自己选错了职业方向。有不少人后悔自己因为考大学时没有选择自己喜欢的专业，毕业后在自己不喜欢的工作上消耗人生。

我们可以有很多选择

人们在学校里学习的学科和从事的职业也是多种多样的。对于中小学生来说，目前学的主要是学科基础课程和通识课程，为以后不同方向和专业领域的学习打基础。

语文教会我们如何阅读、理解和思考，数学锻炼我们的推理和思维能力，英语是我们了解和走向世界的重要交流工具……此外，未来，我们可以根据个人兴趣、价值观、目标和理想做出学习多种学科的选择，比如生物、化学、物理、历史、音乐、体育、美术等。

2024年，全世界有80亿左右的人口，中国有约14亿人口。这些人有不同的肤色，来自大约200个国家和地区以及2000多个民族，生活在不同气候环境、地理环境和社会环境中。世界各地的人的生活是丰富多彩的。

不同的民族、国家和地区拥有各自的语言、宗教信仰、习俗、艺术、饮食习惯等，这些差异使得世界文化具有多样性。人类在哲学、科学、艺术等领域发展出众多学派和理论，不同的思想观念也促进了人类知识的丰富和发展。

争取家庭与社会的支持

选择取决于我们自己的判断，但家庭、朋友、社区乃至政府提供的支持和资源，如资金支持、咨询服务、网络信息分享等，能够帮助我们做出更合适的选择和判断。

日新月异的外部环境

人工智能在最近几年快速发展，开始逐渐影响我们的生活方式和学习方式，甚至影响了大学的专业调整、高考的专业选择和我们的职业规划的方向。全球化和互联网的普及拓宽了我们的视野，外部世界不断变化，新技术、新行业、新思想的出现为我们提供了前所未有的新挑战和新机会，也为我们的选择提供了更多可能性。

终身学习，终身成长

十年前流行的游戏软件，现在可能已经销声匿迹。十年前薪水很高的工作，现在可能已经被机器取代。环境在改变，我们也应该顺应变化。持续地自我反思和学习能使我们终身成长，始终跟上时代发展的脚步。

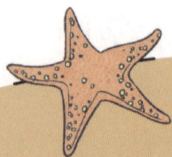

1

你通常是如何做选择的？是自己思考做决定？还是会先询问他人？或者是人云亦云，跟随他人的选择而选择？

2

"三百六十行，行行出状元！"这是一句中国民间的俗语，意思是不论从事何种行业，只要勤奋努力、精益求精，都有可能成为该行业的佼佼者。你知道哪些行业和职业呢？

3

中国高等教育体系下的大学专业大致分为12个主要学科门类，哲学、经济学、法学、教育学、文学、历史学、理学、工学、农学、医学、管理学和艺术学。尝试了解一下这些学科门类，哪些属于文科，哪些属于理工科？哪些属于文理交叉学科？

4

中国有23个省、5个自治区、4个直辖市和2个特别行政区。每个地区都有常住人口和流动人口。一些人在各地流动一段时间后，会选择在一个地方长期居住。人们在一个地方长期居住的原因大致有哪些呢？

我可以同别人不一样吗？

第22节

我可以同别人一样，也可以同别人不一样。在社会道德与价值观体系下，我们在公共场合需要遵守法律法规和公共规范。但在这个纷繁多变的世界中，为了保持自身的竞争力并实现自我价值，我们也需要同别人有些不一样。

美术馆　科技馆

正确认识自我

　　深入了解自己的特点、兴趣、价值观、优势和劣势等，通过阅读、旅行、学习新技能等方式开拓视野，找到自己的潜力所在领域。专注1~2个领域深入钻研，成为该领域的专家或者掌握一项少有人擅长的技能，可以让你在人群中脱颖而出。

保持自我的独特性

每个人都是独一无二的，拥有不同的背景、天赋、兴趣和梦想。试图成为同别人一样的人可能会让你失去自己的独特性，而独特性可能正是你个人魅力和创造力的源泉。如果和别人都一样，也意味着你会很容易被取代，就像人工智能已经开始取代部分人类的工作那样。所以你需要和别人有不一样的地方。

为社会贡献价值

与众不同可以愉悦自己，但如果你的与众不同能够同时为社会贡献价值，这会激发你更多的想象力和创造力，带给你更多满足感。

尝试找到自己能够为社会、社区或特定群体带来正面影响的特质，在发展自己个性的同时，为世界贡献自己的力量，你将成为更有生命力和影响力的人。

斯琴格日乐是一名中国蒙古族女歌手。她小时候学习的是舞蹈，但因为热爱唱歌，她后来开始学习唱歌，并学习了乐器演奏，尝试组建乐队。在她发展歌唱事业的同时，她并不满足通俗歌曲的演唱。作为蒙古族人，她发现蒙古族长调民歌这种歌唱方式非常独特，有自己的独特魅力。因此，她开始悉心研究和学习长调民歌的唱法。蒙古族长调民歌现在成为我们国家的非物质文化遗产之一，斯琴格日乐也成为官方认证的蒙古族长调民歌传承人。

创新与个性化表达

创新是保持个性，不怕被模仿和超越的重要方式。以新颖独到的方式表达自己，在言行举止等方面展现自己的审美、品位和个性时，请确保这种表达是真实自然地表现，而非刻意标新立异的哗众取宠，且需要符合公序良俗并在道德和法律的框架内。

美国一些艺术家们使用喷漆、颜料等工具在墙壁、地铁车厢等地方绘制漫画作品，这些作品往往色彩鲜艳、形态夸张，具有强烈的视觉冲击力。除了涂鸦外，还有一些街头漫画以平面漫画的形式出现，如贴在墙上的海报、宣传画等。这逐渐形成了一种美国街头漫画。美国街头漫画风格多样，既有传统的写实风格，也有夸张、变形的卡通风格。艺术家们可以根据个人喜好和创作需求选择合适的风格进行个性化的创作和表达。

与外界交流和沟通

与来自不同国家、不同阅历背景的人交流，他们的视角和经验能激发你的创新灵感。同时，他们也许会为你的想法提供一些非常有价值的建议，甚至为你提供实现理想的途径和线索。因此，除了需要掌握交流的语言工具，我们也需要保持一颗开放和交流的心。

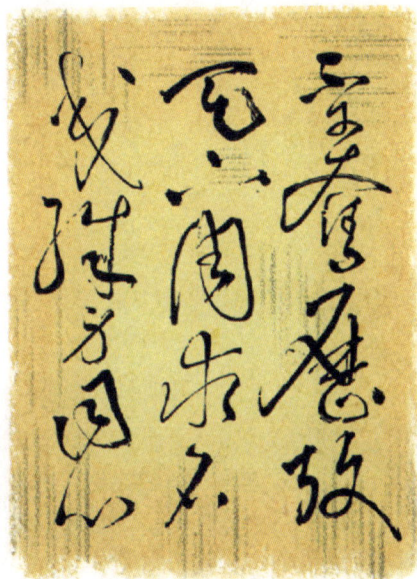

保持你的自信

一些新鲜有个性的想法最初可能是不被人们认可的。新事物从诞生到被广泛认可通常也需要经历一个从量变到质变的过程，这个过程可能会非常漫长。乔布斯一开始提出他的创新理念时，并没有得到苹果公司的认可，反而被有些人认为是阻碍了公司的发展，乔布斯因此被苹果公司解雇了。后来苹果公司看到乔布斯的创新理念逐渐获得公众认可，才又重新聘用了他。

面对质疑我们不必急于妄自菲薄，更不必与质疑者恶语相向。面对反对和挑战，保持良好的社交行为和言行品质会让你更加受人尊重。

自信是与众不同的基石。相信自己的价值和能力，勇于展示自我，坚持你心目中特别的、能让你感到快乐的和对这个世界有积极价值的事业，相信你的创造成果终会被世界认可。

1

想一想，你印象中有哪些与众不同的名人？他们的与众不同之处是什么？你有自己的偶像吗？他或她有什么与众不同之处？

2

你觉得自己有哪些与众不同的地方？你曾经尝试发掘自己的天赋吗？你觉得自己在做什么事情的时候能特别聚精会神和沉浸其中？

3

"与众不同"表现出一个人的个性，"万众一心"则反映出很多人为了某个共性目标而努力奋斗。你觉得个性与共性是冲突关系吗？为什么？

4

追求自己独到的见解和与众不同，可能会带来"哗众取宠""博眼球""离谱"和"出格"等一些负面评价。一些人在批评质疑声中选择放弃，另一些人则选择坚持。很多在后世看来伟大的作品和成就在面世之初是备受争议和批判的，比如欧洲著名的印象派和野兽派画作。以往在面对他人对你的批评甚至指责时，你是怎么想的？你是否尝试过说服他人接受你的观点？说服他人除了真诚表达外，还需要哪些技巧？

为什么要遵守规则？

闯红灯、在电影院里大声接打电话、排队时插队、在景区乱刻乱画……这些都是生活中常见的不遵守规则的现象。有人不禁想问，什么是规则？为什么要遵守规则？

什么是规则？

规则是为了维护秩序和确保公平制定的一系列指导原则和行为标准。规则是社会运作的基础，它能帮助预防混乱，确保各项活动有序进行。规则约束了我们，但也在保护我们。不遵守规则从短期来看，可能会节约时间或侥幸获利，但规则被破坏会导致无序、冲突甚至伤害，长期来看，对人们是弊大于利的。

在火车站售票大厅，如果很多人买票时不遵守秩序、乱插队，那么就可能会发生拥挤和争吵，甚至推搡和肢体冲突，造成的后果是大家都不能及时买到票。

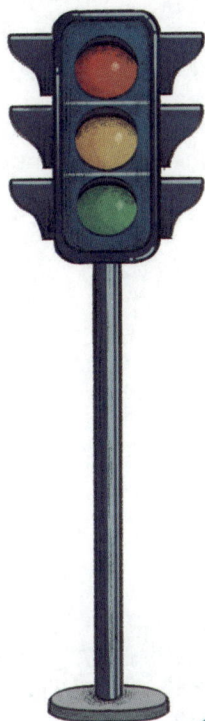

遵守法律和道德规范

规则往往反映了一定的法律和道德规范。遵守规则是尊重他人和展现社会责任感的表现。许多规则具有法律效力，违反法律规则不仅可能损害他人、危害社会，还会使自身面临道德谴责和法律惩罚。

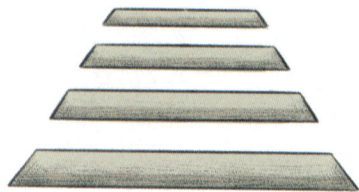

维护个人信誉

长期遵守规则能有助于建立个人信誉，这对于个人发展、职业机会和社会关系都是非常重要的。而不遵守规则，会破坏自己的信誉，信誉一旦被破坏，想再重新建立，往往需要付出更多的努力。

面对不合理的规则

当某些规则不公正、不合理、过时或违背个人基本权利时，通过合适的渠道提出异议、倡导修改是正确的方式。这需要我们在深思熟虑、理性分析、权衡个人和全局利益的基础上，通过合法合规的途径来进行。体育赛事中的很多规则变化都是这样来的。每隔一段时间，我们的法律也会对个别条款进行修改，来应对社会新的变化。

推动违规行为及时得到惩罚

如果违反规则的人迟迟不受到处罚，这是对遵守规则的人的不公平。遵守规则是个人品德的体现，也是公民的基本义务。与此同时，我们也可以通过合理的建议和意见促进规则的改进，推动对违规行为的及时处罚，让规则体系更好地为社会服务。

保障自己的人身安全

有一些规则与我们的人身安全密切相关，如行车时要系好安全带、开车时请勿使用电子设备、过马路要走人行横道线、非机动车和行人不要在机动车道上行进等。这些规则在约束我们行为的同时，更多是在保护我们的生命安全。请务必遵守规则，不可抱侥幸心理。

思考题

① 尝试了解规则是如何被制定出来的。比如，了解班规的制定流程，了解《中华人民共和国宪法》的修订流程等。

② 尝试制定学校食堂中午用餐规则，或对目前的规则进行修订，说说你的想法考虑了哪些方面，有哪些优点？

③ 据统计，我国一年发生的交通事故大约20万起，约5万人在事故中失去生命。这些交通事故，大多数是因为人们没有遵守交通规则引起的。由此可见，不遵守规则会对自己和他人造成严重伤害。除了加大宣传教育外，你觉得还有哪些方法和措施可以减少人们违反交通规则的行为，降低安全事故带来的伤害呢？

④ 除交通规则外，在制造业有安全生产规则，在公共场所有按秩序排队、勿大声喧哗等规则。想一想，查一查，为什么在某些区域要制定限制燃放烟花爆竹的规则呢？

⑤ 在一些居民小区，外卖员不允许进入小区送外卖，而还有的居民小区，外卖员可以自由进出小区送外卖。你觉得允许外卖员进入小区比较好，还是不允许进入比较好？关于外卖员进出小区事宜，你有什么规则建议吗？

我可以让世界变得更好吗?

人类文明发展至今，地球经历过灾难，生态环境遭到破坏，但是人类一直致力于改进生产技术和生活方式，减少对地球的负面影响，努力维护人类共同家园的美好与和谐发展。在这过程中，科技创新为人类文明进步提供了不竭动力。人们在各自的工作生活中不断的努力和取得的成绩共同构成了我们今日丰富多彩的世界。

尽管面临着诸多挑战，让自己变得更好，让世界变得更好，一直是人类的美好梦想和宏伟目标。

从小事做起

虽然让世界变得更好是一个宏大的目标，但我们可以通过身边一件件小事来实现。提升自我，学习新知识，向身边人和社会传递正能量，从不乱扔垃圾、遵守交通规则、尊老爱幼和拾金不昧等小事做起，维护积极、温馨、和谐的社会环境。

爱护我们的地球

很多国家和地区都在采取实际行动应对气候变化，减少碳排放，保护自然生态，恢复退化的生态系统，促进地球的可持续发展。我们每个人可以通过减少浪费、使用可再生能源、参与植树造林等方式为保护地球环境贡献力量。

尊重与包容

尊重自己，尊重他人。尊重和保护不同文化与民族的传统能让不同的民族和睦相处，减少冲突和战争。我们可以促进跨文化交流，反对任何形式的歧视和偏见，为建立一个包容和理解的社会环境做一些力所能及的事，比如在网络上文明表达意见，在日常生活中与其他民族或国家的人友好相处，等等。

成为一个有影响力的人

当我们成为有影响力的人，不仅自己可以做更多有意义的事情，还可以影响更多人，提升公众意识，激发更多人的正面行动，为社会贡献力量。

对中小学生来说，要想成为同龄人中"有影响力的人"，不仅要成绩优秀，要积极参与各类活动，如体育、音乐或志愿服务等，展示多方面的才华，而且，还要友善且乐于助人，努力成为大家的榜样。

做地球的主人

作为地球的主人，我们可以积极参与地球的管理事务，比如参加社会公益活动，包括志愿服务、社区建设等，增强我们的责任感和主人翁意识，参与建设更完善和美好的公共服务事业。

创造友爱温暖的世界

改变世界始于每个人的行动和决定。每个人都可以从自我做起，从关爱自己和家人做起。无论是通过日常生活中的小改变，还是参与更广泛的社区和全球行动，无论我们的年龄和经历如何，也无论每个人的努力多微小，但集体的力量足以让世界变得更加温暖和美好。

思考题

① 《少年中国说》是梁启超于1900年发表的一篇著名文章。在文中，梁启超将"少年"比喻为"国之希望"，认为一个国家的兴衰存亡，很大程度上取决于其年轻一代的成长和素质。作为一名学生，你觉得可以做哪些力所能及的事情让这个世界变得更好？

② 《大学》是中国古代春秋时期儒家学说《礼记》中的一篇文章，主要论述一个人要成长为德才兼备的人，需经过"格物，致知，诚意，正心，修身，齐家，治国，平天下"几个阶段。查一查这句话的含义，了解一个人在成长过程中，需要经历哪些阶段？各阶段分别要做什么事情？

③ 要想人类社会变得更好需要我们共同的努力，但人与人之间不可避免存在竞争。你觉得竞争和携手努力之间是矛盾的吗？你如何看待在班级中既与同学成为朋友，又在学习上相互竞争的关系？

④ 尝试描述你心目中的美好世界的样子。为了实现它，你觉得自己可以做些什么？